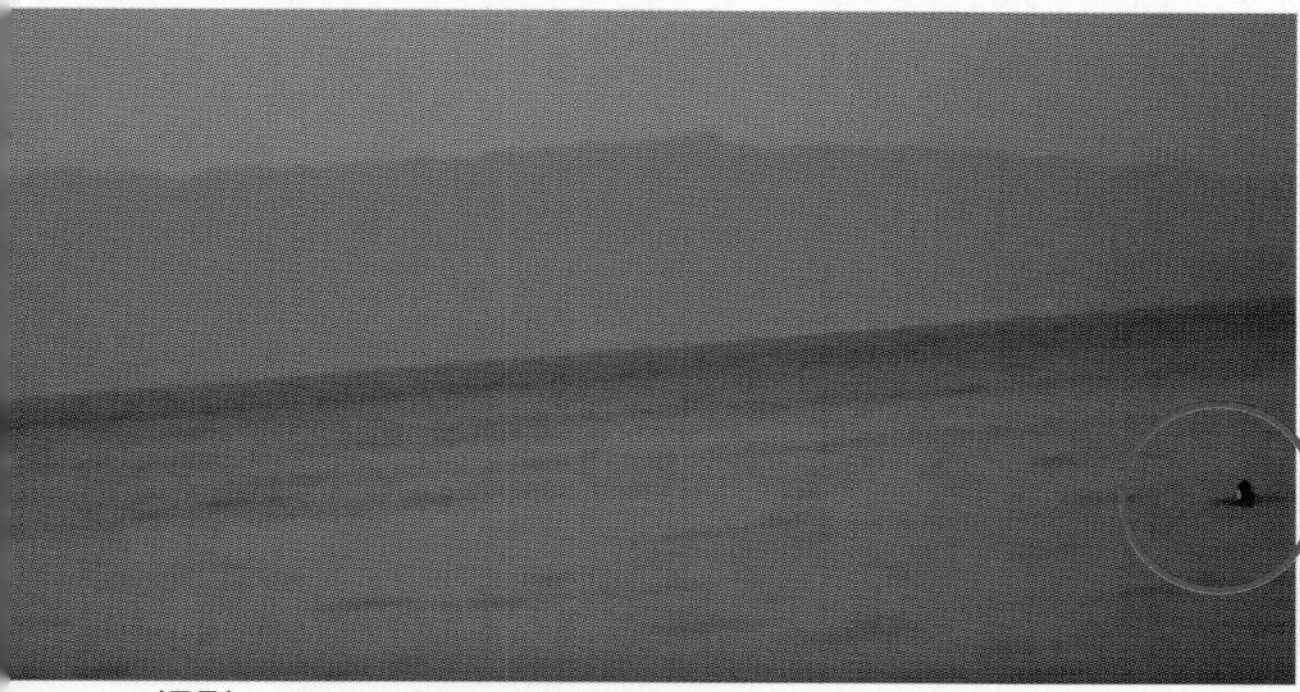

2017年に高知県大月町の海岸で撮影されたニホンカワウソらしき動物の映像。ユーチューブで公開されている動画では、海面から繰り返し頭を浮き沈みさせている様子が見てとれる

撮影：Japan Otter Club

2020年５月、大月町の海岸線近くの小川に設置した赤外線カメラに写ったカワウソらしき動物

囲んだ部分を拡大

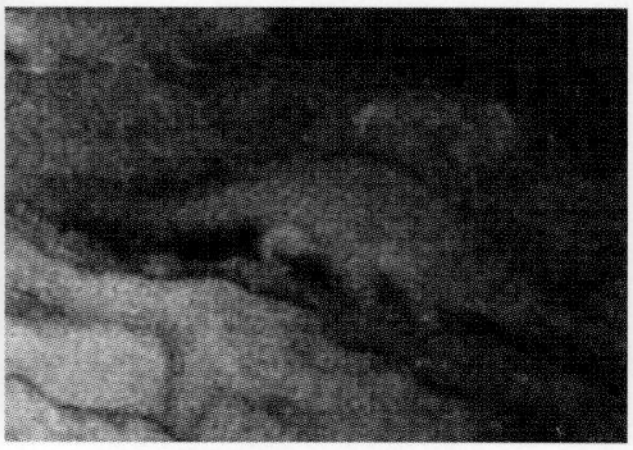

撮影：Japan Otter Club

2020年11月にも四万十川でカワウソらしき動物が撮影された

撮影：土井秀輝

国立科学博物館に所蔵されているニホンカワウソのタイプ標本
（1972年、高知県で採集）

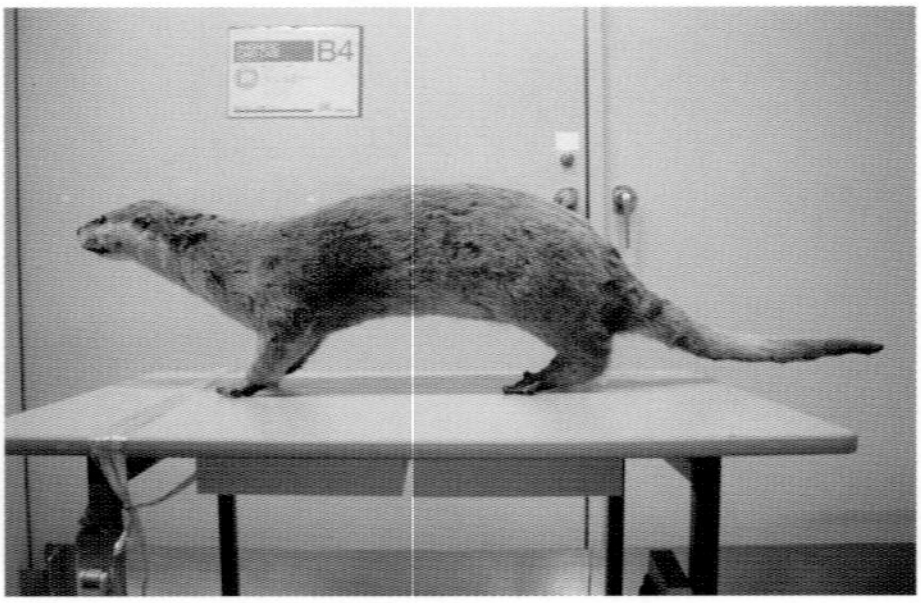

1977年、
徳島県で車にひかれて死んだ
ニホンカワウソの剥製
（徳島県立博物館所蔵）

高知県立のいち動物公園で
飼育されている
ユーラシアカワウソ

ニホンカワウソは生きている

宗像 充［著］

旬報社

目次

第1章 ニホンカワウソらしき動物発見

第2章 「対馬カワウソ」の正体

第3章 誰がカワウソを消したのか？

第4章 カワウソ絶滅説・減少説の再検証

第5章 ニホンカワウソって何だ？

第6章 韓国でカワウソに会う

第7章 ニホンカワウソが見つからないわけ

第8章 再び対馬へ

第9章 ニホンカワウソは生きている

第1章　ニホンカワウソらしき動物発見

——カワウソ生存の記者会見

二〇二〇年九月一六日、高知市の「こうち男女参画センター ソーレ」で記者会見が開かれた。

土井秀輝《ひでき》さん、大原信明さん、坂本秀盛《ひでもり》さんの三人は、ニホンカワウソの生息について説明をはじめた。

彼らは四年間にわたって高知県大月町でカワウソの調査を継続し、「Japan Otter Club」というグループを作って、やっとこの日、四年間収集した「生息の証拠」を公開したのだ。

二〇一六年に三人が最初に〝ニホンカワウソらしき動物〟を発見した翌月には、ぼくは土井さんと大原さんにインタビューし、それ以来彼らの調査について折に触れて情報を得ていた。いくら証拠があっても、最初の目撃から四年も経てば「ただカワウソがいた」という過去の話で終わってしまう。そろそろ公表して記事にさせてほしいと土井さんたちに促して、メディアでの記事化の内諾を得て自宅のある長野県から高知に足を運んだ。

会場の席には各テレビ局、新聞社からの記者が散らばり、後方にはテレビカメラも据えられていた。

この日、土井さんたちは二〇一六年以来、四年に渡る海岸と周辺地域での調査の結果から得た複数の動画、および赤外線カメラで撮影した画像をスクリーンに投影し、資料一式とともに公表している。調査の初期に撮りためた動画は、画面を横断しながら海上を泳ぎ、頭を出した動物の姿が写っていて、振りかぶって海中に沈む姿もあった（巻頭口絵に掲載）。

説明の最中にはフロアは静まり返っていた。それが土井さんと大原さんが一通り解説を終えて挙手を求めると同時に、各記者から矢継ぎ早に質問が続いた。

データの解説を求めたり、撮影場所等の詳細について確認したりした後、記者たちは「専門家の見解」について聞きたがった。

土井さんたちは事前に専門家や行政担当者にもプレゼンを繰り返したことを強調していた。動画や画像は、対象が小さかったり不鮮明だったりして、専門家は公式の席での断定を避けていて、土井さんたちもそれを承知で記者会見に臨んでいる。というか、誰が見てもわかる画像だったら、専門家の見解は最初から必要ない。客観的に見て否定できないというところに、三人は焦点を当てていた。

実際、この日は高知県の職員も一番後ろの席に陣取っていて、あとでぼくが名刺を持っていくと「私たちは何も言えません」と押し黙った。

「一〇〇%カワウソ。自信はある」

大原さんが語気を強めた。三人が直接「カワウソ」だと認識した目撃回数は、一〇四日間の調査で計六回。累計だと一〇回ほどになる。偶然だけでなく再現性があるのが、ほかの目撃情報と違うところだ。したがってデータも決定的な一枚ではなく蓋然性の高いものを複数提示している。

「岸壁のすぐ下にいたときは、寝ぼけていてタモ網を取りにテントに戻った。網ですくえると思ったほど近くだから間違いようがない」。土井さんがある日の目撃について振り返った。

「写真の解析から見ても、消去法で客観的にカワウソ以外は考えられない」

四年前、「あれカワウソやろ」と大原さんの一言ではじまったカワウソ探しだった。

はじめはカワウソが海にいることさえ知らなかった三人は、この四年の間にカワウソやニホンカワウソについての知識を得てきただけでなく、調査を何度も重ね、形態の分析や出現日、カワウソの生態の推測など、印象論で「いないはずだから違う」と否定されるのを避けるため、客観的なデータも示していた。

ぼくは手を挙げて質問した。

「環境省はニホンカワウソについて二〇一二年に絶滅としています。この点についてどう思いますか」

記者会見で説明する大原信明さん（奥）と土井秀輝さん（手前）

「間違いだった」

坂本さんがすぐに答え、三人が口々に環境省の見解を否定した。

記者会見後、ぼくは飲み屋の座敷で、夕方のテレビニュースで流れる記者会見の様子を三人といっしょに見ていた。テレビ二社がニュースとして取り上げ、翌日には地元紙の高知新聞が記事にした。ぼくがネットニュースとアウトドア誌で記事を書くと、後日全国紙の報道が続いた。中傷や批判など予想されたバッシングは見当たらない。

この日九月一六日、環境省の「絶滅宣言」がぐらぐらと揺らぎはじめた。

――「もしいたらスクープやろ」

土井秀輝さんが釣りの最中にその動物を見たのは二〇一六年七月二一日の夕暮れ時だった。

当時高速バスの運転手をしていた土井さんは、会社や友達の仲間計五人で投げこみ釣りのキャンプのために、大月町の海岸にいた。岩壁からのぞきこめば、透明度の高い海に、三〇センチを超すボラがうようよしているのが見える絶好のポイントだ。

仲間と話に夢中になっていたときにふと海を見ると、三〇メートルほど先の海面に動物の姿が見えた。海面に見えたと思ったら一～二秒ほどで海中に姿を消す。息継ぎをしているのがわかった。

三回目に息継ぎに姿を見せたとき、いっしょにいた友達の大原信明さんが「あれカワウソやろ」と口にした。

その場にいた四人全員の意識が、いっせいにその動物に向けられた。

そういえばこの日の朝、仲間の井上ミナさんが「アザラシがおる」「こっちに来ゆう」と口にしていた。その場にいたほかの三人はその言葉を気にも止めていなかった。

夕方、目の前に現れた一メートルほどの動物は、土井さんの記憶をたどれば「色は黒っぽく、顔は前からピシャっとつぶしたようで、顔の下半分が白い」。体は水面下にあり耳は記憶にない。以前見たことがあるカワウソの剥製と一致した。

いっしょにいたもう一人の土井さんの会社の同僚、坂本秀盛さんは、「あの日はサービスしてくれた。好奇心があったんじゃないか。なかなか逃げなかったから」と思い起こす。

土井さんも大原さんも〝ニホンカワウソ絶滅〟の知識はあった。

「そうはいっても絶対どこかにいる」と大原さんは思っていた。二〇歳くらいからカヌーを趣味で続けてきた大原さんは、高知県が海岸でニホンカワウソの調査をしていたのも知っていた。ただし、その場でいっしょに動物を見た大原さん以外の三人は、カワウソが海にいるものだとは知らなかった。

「もしいたらスクープやろ」という言葉に、スマホに一眼レフ、小型ビデオカメラで各自撮影にいそいそと挑みはじめた。

いったん垂直方向に海に潜ると五〜一〇分ほど海面に姿を現さず、三〇分ほど姿が途絶えたこともあった。次に出現する場所は元の場所から数十メートル移動している。ピントがなかなか合わず、バッテリー切れが相次いだ。

最終的に、アザラシだと指摘した井上さんがスマホで連射して、海面に頭をのぞかせた写真を一枚と、背中を見せた写真をかろうじて撮ることができた。

土井さんがここで釣りをするのはその日でもう二年にもなり、そろそろあきて別の場所に移ろうかと考えていたころだった。

「大原さんが『カワウソやろ』と言ったからはじまった」

土井さん、大原さん、坂本さんの三人組は、また翌月から同じ場所に通うことになる。

ぼくがこの目撃談を知ったのは、二〇一六年八月に別の取材で高知に滞在していたときのことだ。

土井さんの管理するホームページ「高知の河川」にカワウソ情報が上げられていると、たまたま高知在住のジャーナリスト、成川順《なりかわじゅん》さんに教えてもらったからだ。成川さんとは別の取材で落ち合う予定だったものの、彼もカワウソの調査を続けていて、そのアンテナに引っかかってきた情報だった。

問い合わせると、運よくその日休みだった土井さんと大原さんが高知駅前の喫茶店に現れた。興味本位で地図を広げ詳細を聞きだそうとするぼくに、取材を受ける意図として、大原さんは単なる売り物としてではないと釘を刺した。公開されることで「自然保護に目を向けるきっかけになってほしい」というのだ。それでも二人に場所の詳細を教えてもらって、八月四日には、土井さんたちが目撃した海岸に成川さんと立ち寄っている。

その後、ぼくはいくつかの雑誌に、写真とともにこの目撃情報を持ち込んだ。

しかし、二年間企画が通ったことはなかった。「これのどこがカワウソなんですか」と編集者が首を傾げる。写真を哺乳類の分類の研究者に見せると、対象が小さく不鮮明で鑑定の対象にならなかった。唯一、海面から頭だけ出すことができる、というカワウソに特有の特徴を指摘する研究者はいた。ほかの哺乳動物は犬掻きで泳ぐのでお尻が海面上に出るというのだ。

いっしょに海岸で多くの時間を過ごすようになった土井さん、大原さん、坂本さんは愉快な三人組で、手の込んだ作り話をできそうな人たちとは思えない。だけどぼくの人物評価はもちろん客観的な基準にはならない。

二〇一二年八月二八日の環境省の絶滅宣言からこの時点ですでに四年、ニホンカワウソの記憶は急速に風化しつつあった。

そこに勃発したのが「対馬カワウソ」騒動である。

──「対馬カワウソ」が出た

二〇一七年二月六日、長崎県の対馬でカワウソの存在が確認された。

環境省は七月と八月に計一四日間の緊急調査を実施、同年八月にはカワウソの撮影動画が記者発表された。その後も同年一二月に、こんどは栃木県那須町でカワウソに似た動物の目撃情報が寄せられ、カワウソ報道が続いた。二〇一八年四月には町も協力して調査を実施している。その度に、いる／いない、ニホンカワウソだ／そうじゃない、という話がテレビの前で盛り上がる。絶滅した動物の生息には、夢やロマンがあるからだ。

日本列島では、哺乳類に限ってもニホンオオカミやニホンカワウソ、ニホンアシカ、地域個体群で言えば九州のツキノワグマなど、「絶滅した」と言われている動物を挙げることができる。特に二〇一二年、ニホンカワウソと九州のツキノワグマが環境省のレッドリストで絶滅種にランク付けされたことで、彼らを絶滅に追いやった人間社会への反省が語られることもある。でも、喪失感や追憶を語る前に次のことは知っているだろうか。

二〇一二年に環境省が「絶滅」カテゴリーに入れたニホンカワウソは、愛媛県、高知県、そして徳島県のレッドリストでは「絶滅危惧I類」にされている。〝日本にはいない〟動物が、四国三県にはいることになる。

国がいないと言えばいなくなるのか。「見かけない」ことは「いない」ことの証拠だろうか。少なくとも言えることは、その判定もまた人間が決めるものである以上、「絶滅」という現象も人間社会の中の出来事だということだ。

琉球大学のトラップカメラに映った対馬のカワウソ

成川さんは、この「絶滅宣言」について「捜索打ち切り」と記事やインタビューで批判していた。以前からカワウソの取材はしていたけど、土井さんたちの情報が後押しになり、ぼくは行方不明者の独自捜索に力を入れてみることにした。裏を返せばそのことが、人間という動物の自然の中での有り様に、目を向けるきっかけになる。

対馬の場合、二〇一七年八月一七日に、カメラの前を移動するカワウソの姿が映像で流れたのが騒動のはじまりだった。ツシマヤマネコを研究する、琉球大学の伊澤雅子《いざわまさこ》教授のグループの自動撮影カメラにこの年の二月、偶然映っていたものだ。カワウソへの注目が一気に高まった。

映っていたのが紛れもないカワウソの姿形だっただけに、環境省は調査を実施。一〇月には足跡一カ所のほか、カワウソの可能性のあるフン一四個を回収、四個から「ユーラシアカワウソ」のDNAを検出したと調査結果を公表している。検出されたDNAはいずれも、韓国やサハリンにすむ「ユーラシアカワウソ」の亜種に近いとされている。

この結果の公表後、いったん盛り上がった空気は急速にしぼむ。友人の一人に話を振ると「あれはユーラシアカワウソだったんだろ」と、さも「残念だったね」という口調で話題を変えた。そのうえ、研究者の一人がこのカワウソについて、テレビで流木につかまって朝鮮半島からやってきた可能性を指摘したものだから、二〇〇二年に多摩川に現れたアザラシの〝タマちゃん〟を見るような口ぶりでしか、もはや相手にされなくなった。

仮にユーラシアカワウソだとしても、日本国内では貴重な動物に変わりなく、その冷淡ぶりはいかがなものか。そもそもユーラシアカワウソとニホンカワウソの違いって誰も説明していないじゃない、という疑問も湧きあがる。そんな中、このカワウソについて、環境省は二〇一八年五月二八日に「今後の対応方針」という文書を発表した。

この報告書で環境省は、その後の調査の結果やDNA解析を進めた末に、オス二頭、メス一頭が生息していると個体数まで挙げた。さらに調査の継続とともに普及啓発や「生息環境の評価・保全にシフト」する事業方針を示している。絶滅宣言からついに六年、環境省はカワウソ保護に新たに乗り出すのか。

そんな熱い期待とは裏腹に、「保全については明確ではない。調査は今年度のものですし。普及啓発も保全ですが……」と、環境省の番匠克二《ばんしょうかつじ》希少種保存推進室長は慎重だった。「数個体だけなのか、ほかにも家族がいるのか、網羅的に調査してみないとわかりません。ただこれまで調査して密度から考えると二桁はいなさそうです」。それでも対馬にカワウソがいた事実は変わらないのでは。「専門家と話した中では、過去の生息記録はあっても、ずっと生き延びている可能性はほぼないかと。カワウソは泳げるので海流に乗って泳ぎ着いた可能性も否定できません」。やっぱり対馬の〝タマちゃん〟だったのか。

とはいっても三頭と一頭では重みも違う。「一時的なものだと何とも言えませんが複数がいた。これまではわからない動物が現れたのでわかる状態にしたいと調べてきました。調査をきちんとやればレッドリストを改定する可能性も出てきます」という。そうなれば晴れて日本列島にカワウソ復活となるのだろうか。

――「絶滅」って何だ？

いったい「絶滅」とは何だろう。環境省は「野生絶滅」について以下の三点を判断基準にし、飼育下も含めていないものを「絶滅」としている。

①信頼できる調査や記録により、すでに野生で絶滅したことが確認されている。
②信頼できる複数の調査によっても、生息が確認できなかった。
③過去五〇年間前後の間に、信頼できる生息の情報が得られていない。

だからいない。

ところが、「いる派」の四国三県の一つ、徳島県はこう言っている。徳島県では一九七七年に県内で車にはねられたカワウソの死体が発見され、翌年、生息調査を行なった。しかし「その後二〇年経過するが信頼すべき生息調査がなく、絶滅に関する正確な情報がないので」ニホンカワウソを「絶滅危惧種としてあつかった」(徳島県版レッドリスト)。一方は「調べてみたけどいなかった」からいない。一方は「調べてないからいるかも」という。となると、「調べていないところを調べるといるかも」しれない。

実際対馬では、過去の生息情報について把握していながらも、調べていないまま現れた正体不明の動物の対応に官民が追われたようだ。長崎新聞では六〇年ほど前にカワウソを見たことがあるという八二歳の老人が「カワウソの親子が川に飛び込む姿をまた見てみたい」(二〇一八年五月二九日)とコメントしている。環境省の番匠室長はこのコメントについて把握していなかった。過去の生息情報を知っていながら調べなかったことが、騒動の原因の一つに思えてくる。

とはいえ、見つかったのはユーラシアカワウソでニホンカワウソではない。だからそもそも騒ぎ立てることでもなかったのではないのか。

カワウソは特別天然記念物でもある。そして生息を前提にするこの指定は今も解除されていない。文化庁記念物課（当時）の江戸《えど》謙顕《かねあき》文化財調査官に聞くと、「どこかで生息していれば天然記念物。慎重に推移を見守っている」という。実は、環境省もレッドリストもなかった一九六五年に、文化庁が指定したのはニホンカワウソではなく「カワウソ」である。当時は「ユーラシア」も「ニホン」も区別がない。いったい何が違うのだろう。そしてニホンカワウソとは何だろうか。

――見逃すな！　ニホンカワウソは生きている⁉

こんな見出しのチラシを市内に配ったのは「ニホンカワウソ最後の保護地」とされる愛媛県宇和島市だ。皮肉なことに、愛媛県では二〇一二年の環境省の絶滅宣言をきっかけに、「県獣」カワウソへの関心が一挙に高まった。

愛媛県が一万枚の捜索チラシを配ると、県自然保護課のサイトへのアクセス数は一日三八万件にもなった。一六件の情報が集まっている。宇和島市も愛媛県も生息調査をしたものの、生息に結びつく結果は得られていない。

過去、カワウソは日本列島全体に分布していたことが知られている。姿形は宇和島市のチラシを参照してもらうとして、体長は一メートル超。過去の調査や飼育個体の観察から、薄明薄暮に活発に動き、昼間は真水の流れる場所のねぐらで休むとされている。

タール便と呼ばれる黒い粘液をサインポストとして利用する。淡水の大型魚類、アユやウナギ、カニやエビを好んで食べ、川の汚染が進んだ韓国では水質汚染に強いコイ科のいわゆる「雑魚」を食べているという。川、沼、海で採食し、行動範囲は数十キロにも及ぶ。大食漢だったことが生息の危機を招いたという指摘もある。

しかし、かつてカワウソは北海道から九州の全域に生息し、明治の中ごろまでは東京の荒川でも目撃されたような身近な動物の一つだった。二〇一二年にぼくの実家のある大分県で、知り合いの年配の方にカワウソの話を向けると、以前近所の大野川で岩の上で寝ているのを見たという。戦後すぐのことだ。カッパのモデルともされ、峠越えの言い伝えからオソ越えなどの地名が各地に残っている。

ニホンカワウソの特徴

体は潜水するために細長く、尾は基部が大きく胴との境が不明瞭で太くて長い。頭胴長《とうどうちょう》と尾長《びちょう》の割合は約３対２である。短足で四肢に「みずかき」がある。爪は短く耳も極めて小さい。

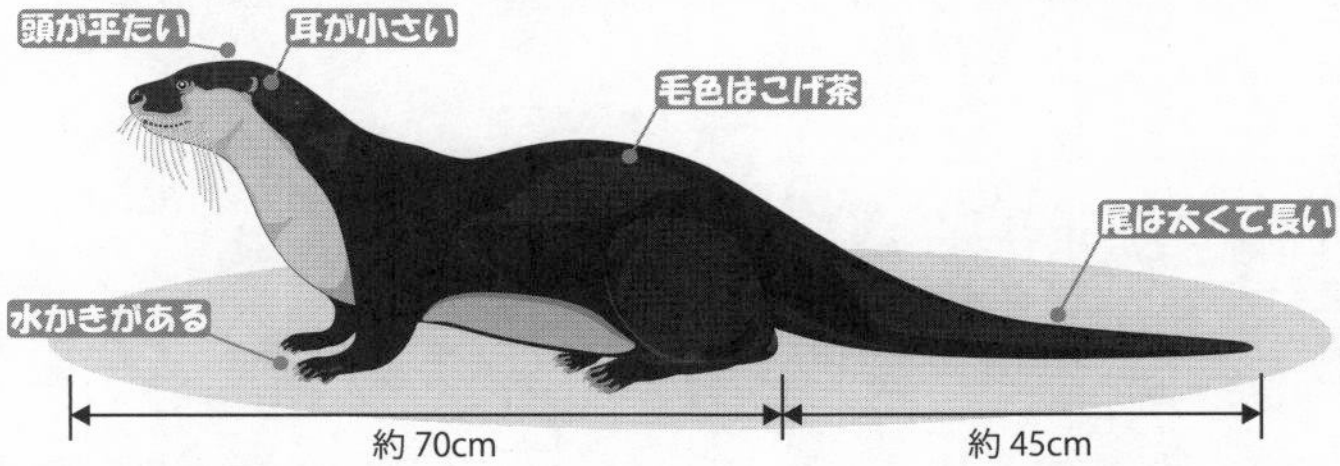

宇和島市が配ったチラシ（上）には、ニホンカワウソの特徴が書かれている

毛皮は最高級品であり、常に狩猟圧は高かったようだ。シベリア出兵など、北方への軍事侵攻が行われれば官民とも需要が高まる。逆に南国の高知県の場合、毛皮の需要が北国に比べれば相対的に低い。戦後死亡を確認された四国のカワウソは一〇〇頭をはるかに超える。公式の記録を見ると漁具による溺死が少なくない。戦前にはすでに捕獲禁止獣とされていた。一九六〇年以降はほとんどが近海の磯たて網にからまったものだ。網がナイロンになりカワウソが逃げるのが困難になった。撲殺や銛による殺害も少なくない。

　カワウソが国指定の特別天然記念物に一九六五年に指定された後も、そういった殺害は続く。タイやハマチの養殖がはじまると、カワウソは財産を奪う漁民の敵になった。決まった獣道をたどってくる陸上歩行の下手なカワウソを待ちかまえて撲り殺す。河川環境の悪化とともに海に出てきたカワウソを待ち受けていた受難である。

貴重な動物として世間の注目を浴びるようになったころには、すでにその生息地は愛媛県と高知県に限定され、その後は保護と開発のはざまに常に立たされてきた。両県を中心に様々な保護策が取られたものの、結局一九七九年に高知県須崎《すさき》市で人々の前に現れ、映像にもなった新荘川での個体を最後に、実物や鮮明な写真といった「信頼できる生息の情報」が得られていない。

――「絶滅宣言」でいなかったことにされる

二〇一二年八月に環境省から絶滅宣言が出される直前、ぼくは九州のツキノワグマについての取材記事を七月に登山雑誌に公表していた。九州のクマの存在は何年も前から謎とされていながら、毎年のように目撃情報が入っていて、クマの研究者らからなる民間団体が、調査のために四〇台以上のカメラを六月にしかけた。

その調査結果も出ないいまま、九州のクマたちもカワウソといっしょに環境省の絶滅リストに載せられた。これまで「過去五〇年前後の間に信頼できる生息の情報が得られていない」場合に、野生における絶滅とみなされてきた。

ところが、九州のツキノワグマについては一九八七年に捕獲（この個体は東日本のクマのDN

Aの特徴を持つとされ環境省はカウントしていない）されてから二五年だし、そもそも調査の最中だ。

地元の大分で一九八七年にツキノワグマが撃ち取られたとき、中学生のぼくは九州にクマがいるとは知らなかった。テレビでは「九州で絶滅したと思われていたツキノワグマが……」と連日ニュースが流れた。

そのときぼくは考えた。その一頭が生きていたということは、少なくともその両親がいただろうし、もしかすれば祖父母や兄弟もいるかもしれない。その個体が仮に最後の一頭であったとしても、どうやってそれを証明するのだろう。「いない」なんて証明のしようがない。国が言えば「絶滅」したことになるのだろうか。

カワウソの場合、最後の生息記録は一九七九年の新荘《しんじょう》川でのもので、三三年しか経っていない。絶滅宣言後、愛媛県では愛媛新聞が社説で反論したのもあって「県獣」カワウソへの関心がむしろ高まった。

一方、二〇一二年一二月、四国の野生動物の調査を行なう四国自然史科学研究センターが、シンポジウム「四国の自然は、いま」を高知大学で開いたとき、あちこちから研究者が来る中、カワウソについて発言したのは、ジャーナリストの成川順さんだけだったという。「何をしに高知に来たんだと。絶滅は環境省が決めた話なのだから、これ以上蒸し返すなということでしょう」。成川さんが苦々しく思い返す。

四国自然史科学研究センターでは、同じく生息数が激減した四国のツキノワグマ個体群も調査している。担当者は一年に一〇〇日程度山に入るという。一〇年間の調査のうち実際にツキノワグマを目撃したのは一度だけ。絶滅寸前のカワウソの生息を確認する作業はそれ以上の努力が必要だろう。

――ニホンカワウソの誕生

その貴重なカワウソが「ニホンカワウソ」として意識されるようになったのは、新荘川の個体目撃の一〇年後、一九八九年に本州以南のカワウソが、「ニホンカワウソ」として新たに分類される論文が発表されてからだ。それまで日本産のカワウソはユーラシア大陸に広く分布するユーラシアカワウソの亜種（種のバリエーション）として考えられていたのだ。本州以南のものは独立種としての地位を新たに与えられたため、余計オリジナルで貴重なものとの印象を強めることになった。

環境省のレッドリストでは、九一年の公表当初からニホンカワウソはユーラシアカワウソの亜種とされている。ただし九八年版から学名は八九年の論文にある記載を亜種名として採用している。聞けば環境省の担当者も分類上の位置づけに論争があるのは認識していた。そうはいっても、ニホンカワウソはユーラシアカワウソの亜種だという環境省の見解は一貫しているので、実は対馬で現れたカワウソが自然に生息しているのであれば、ユーラシアカワウソであろうがニホンカワウソであろうが、さほど問題ではないという結論になる。

したがって、出所由来については諸説あるにしても、保護の観点からは両者の区別を論じることに厳密な意味を見出す必要はないのではないか。つまり、カワウソは貴重なんだからいれば保護しないと、でよくないか。

第2章　「対馬カワウソ」の正体

――柿の木の下のカワウソ

「川端の柿の木の根にくぼみがあって、そこでカワウソがしょっちゅう昼寝をしていたんです。父が『こいこい』と手招きをして、『ネコがおる、ネコがおる』と言って駆け寄るともういない。ドボンというたら姿がない」

「カワウソのことを聞きたい」と突然訪ねたぼくを、古い立派な門構えの家の上がり框の先へと招き入れてくれたおじいさんに、昼寝のまどろみから起こされたおばあさんは、仏壇を背に座って講談のように話しはじめた。

家の前の道に柿の木のある、海沿いの集落に行って尋ねればわかるはず。博多からの深夜の船で長崎県の対馬に渡った翌朝、環境省の調査によってカワウソのフンが発見された上県《かみあがた》町仁田周辺で、道を歩いていた二人の婦人に聞き込みをした。

そのうちの一人が柿をもらいに行く家の昔話の出どころとして示してくれたのが、小さな港を持つ田ノ浜の集落だった。ぼくは二〇一八年夏からアウトドア誌「Fielder」でスタートした、ニホンカワウソの連載のために取材で対馬を訪れていた。

「まん丸くなってネコのようでした。でも尾っぽは長くて色は茶褐色、大きさはこのくらい」と、肩幅よりも少し外側に手を広げ、乙成《おとなり》フクエさんはその動物の様を語った。

「そのころはみんなカワウソのことは知っていましたよ。ウソを言うのは『カワウソ』という物のたとえがありました。悪さをしたら『カワウソにくれてやる』と……」。今度は幼子に諭すような口調で話を接いだ。

「昭和八年（一九三三年）生まれの私が五つか六つのときですから、昭和一二、三年（一九三七、八年）のことです。そのころは道が狭くて、家の前には石を積んで、跳んで渡れるくらいの小さな川がありました。子どものころはそこで赤いカニを釣って遊んだものです。朝方、カワウソは年中昼寝をしていた。昼は道に人通りもあって牛も通いますから。でもそのころは犬も車も通りませんでした」

今その川はコンクリートで蓋をされ、車がやっと通れるほどの道になり、集落から川が流れ込む防波堤の先の海を望むことはできない。道の脇の対馬独特の高床式の倉庫の脇に、太い幹の柿の木がスックと立っていた。

当時カワウソは高価な襟巻にもなっていたという。フクエさんは、カニの足や甲羅だけが残ったカワウソの食べ残しを見かけたりもした。

「そのころは漁と、米と麦を作って自給自足です。今のように家は仕切りもなくて、煮炊きするところも開けていた。食べ物をカマドに置いておくと、カワウソに食べられてしまって

カワウソが昼寝していたという柿の木。水路は現在暗渠になっている

……」。まるで家族の思い出話のようだ。「今は昔の自然は全然ない。衛生的じゃないと、川を整備してカワウソはいなくなった」と寂しがる。一九六〇年代半ばに川は蓋をされて暗渠になったという。

二人に「この間カメラに映ったカワウソは、韓国からきたものだと学者さんたちは言っています」と言うと、「そんなこと……」と二人ともが首を振った。

――DNAが物語るもの

カワウソの姿が映像に映ったのは二〇一七年二月。ツシマヤマネコを調査する琉球大学の自動撮影カメラがそれを捉えた。

その後、環境省主体の二度のフィールド調査で足跡が確認されたほか、回収したフンからユーラシアカワウソのＤＮＡが検出され、少なくとも三個体が対馬に生息していることが判明した。

対馬に生息しているカワウソはいったい何者なのか。環境省は調査結果から生息個体の数は二桁は考えにくいと述べている。その調査を実施したのは、筑紫《ちくし》女学園大学の佐々木浩教授（動物生態学）だ。

「対馬では特異な生物相の研究のためにナチュラリストも大勢入っている。カワウソがいれば目撃はあったはず――」と佐々木さんは首を振る。渡り鳥の経由地である対馬はバードウォッチャーが押し寄せる場所でもある。「――なのに継続的にいたという話は出てこない。ずっといたとしたら数十頭はいないと生き残れない。それにカワウソは川を移動する。対馬の川はどれも小さい。そしてカワウソがいそうなところには人がいる。そう考えると数十頭のカワウソが見つかりもせず生息してきたというのは無理がある」。佐々木さんは、細々と生き残ったカワウソの末裔ではないかという説を否定する。

九州大学大学院医学研究院の関口猛助教（分子生命科学）は、佐々木さんらが対馬から持ち帰ったフンをもとにＤＮＡの解析を行なった。

現地調査では二〇一七年八月一七日の報道発表前の七月一一日～一八日の緊急調査、八月二八日〜九月一日の全島を対象とする調査、さらに痕跡が多く確認された地域を中心に調査が継続し、計一〇個のフンからカワウソのDNAが検出されている。一〇個のフンのうち九個は対馬北部佐護《さご》地区と、隣接する仁田地区からのもので、もう一つは北部東岸の富浦からのものだ。

DNAはフンが腸を経由するときにつく腸間細胞や毛から検出できる。すでに二〇一七年七月に採取されたフンからほかの研究者が、ミトコンドリアDNAの遺伝子を解析して系統樹を作成し、周辺地域に生息するカワウソとの近縁関係が割り出された。それを見ると、対馬のカワウソはサハリンや韓国のカワウソとむしろ近縁で、高知のものとは系統樹上は離れた位置にあることが見て取れる。

この分析結果をもって対馬のカワウソはユーラシアカワウソ＝「外人」扱いされて、あっという間にブームが沈静化した。

関口さんが担当したのは核DNAの分析だ。

「ミトコンドリアDNAの場合、遺伝子的に近い個体間では違いが出にくい。また母系の遺伝子を引き継ぐのでその場合は同じDNAになってしまう」という。

一方、核の場合は遺伝子の長さで個体の区別ができるほか、父と母がそれぞれ二つもつ遺伝

2017年の対馬の調査で採取されたフン

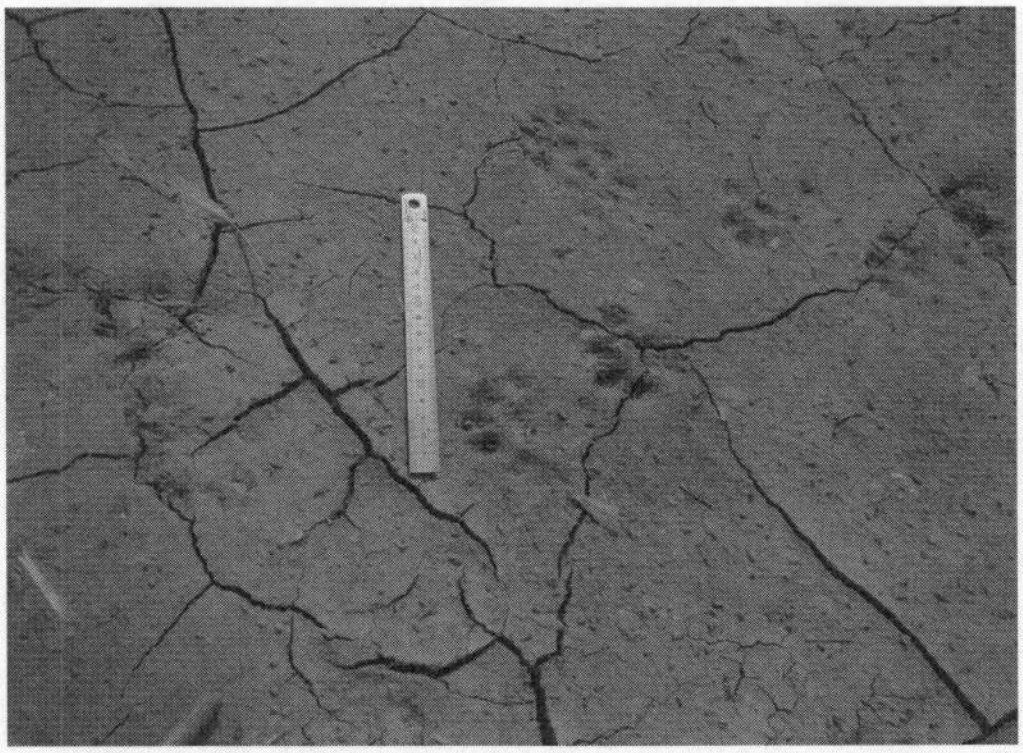

対馬調査で発見された足跡

日本と周辺国に生息するカワウソの系統樹

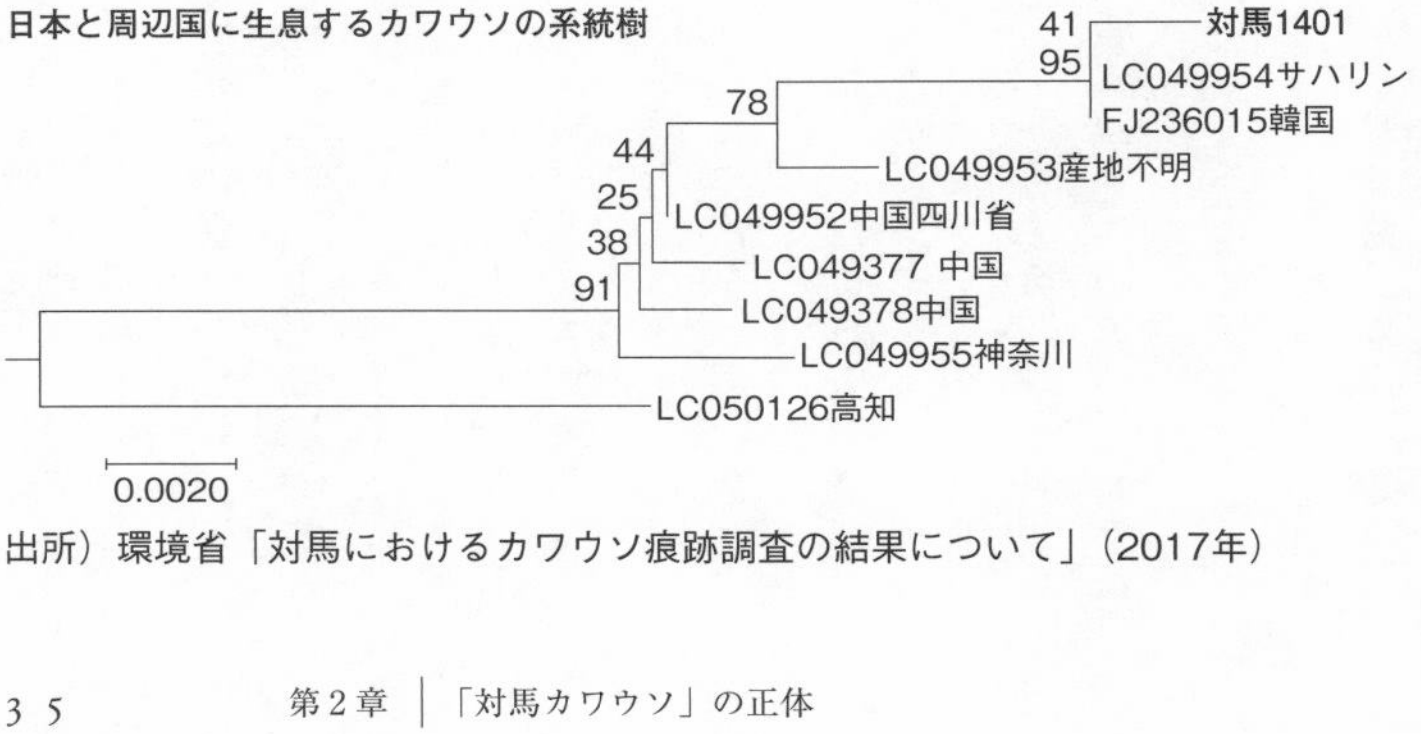

出所）環境省「対馬におけるカワウソ痕跡調査の結果について」（2017年）

子を子が引き継ぐので、個体識別と性別が判定できる。

現在、DNA分析では、微量な試料を解析するために、新型コロナウイルスの検知で一般に知られることになったPCR法という手法が用いられる。DNA分子の特定の領域を大量に増幅させ、シークエンス（塩基配列）を出すのだ。配列が類似していれば同じグループに属するということになる。

すでにユーラシアカワウソの核DNAもミトコンドリアDNAもシークエンスはわかっているため、先のような系統樹の作成が可能だった。特に二〇〇〇年代半ばに、シークエンスを高速で読み出せる次世代シーケンサーという装置が開発されてから、遺伝子解析は以前より格段に進歩し、九月の調査から一カ月後の環境省による解析結果の公表に至っている。

関口さんが遺伝子の長さと一部シークエンスを調べると、九月までに分析した佐護と富浦で見つかったフンからは、Y遺伝子が検出されてオスであることがわかり、一方で一一月に分析した佐護で見つかったフンからは、Y遺伝子が検出されずにメスであることがわかって、二頭の存在が判明した。さらに一二月と一月に佐護で見つかったフンからは別のオス個体が判別でき、三個体が生息していることがわかっている。

それ以外にも、七月一七日に見つかったフンの種判定は「ユーラシアカワウソ＋シベリアイタチ」と検出結果が公表されている。この点について関口さんは「遺伝子的に混ざっていたフンでどちらかがどちらかを捕食した可能性があります。またこのカワウソの遺伝子の配列は高知のものにも近いし、中国のものにも近い」という。そうなると、高知のカワウソと遺伝子的に近い個体が、今後の調査で対馬に生息している可能性も残されている。

――対馬にいたのはもともとユーラシアカワウソ？

なお、環境省が公表したフンの種判定は「ユーラシアカワウソ」となっている。ユーラシアカワウソはヨーロッパからアジア、さらにはアフリカの一部やインドネシア、スリランカと広く分布する種であり、一種の中でも地域的な違いはあるだろう。

一方で、形態的な分類でユーラシアカワウソとは別種とされたニホンカワウソについて関口さんは、「私は遺伝子しか見ていない」と断った上で、「ミトコンドリアDNAでは高知・愛媛のものと差があるとはいっても、ゲノム（DNAのすべての遺伝情報）では区別がつかない」と述べている。つまりこの場合の種判定は、形態的な特徴からの分類とは別の基準となる。

ただ、遺伝子レベルの「大きなユーラシアカワウソ」という括りの中でも、今回分析された三個体は韓国とサハリンのものと近縁であることが指摘されている。それに対する関口さんの解釈はこうだ。

「子どものころカワウソがいたという対馬の人の証言もあるように、ユーラシアカワウソのテリトリーに朝鮮から対馬までが入っていたということではないでしょうか。チョウセンイタチも同じ分布です。もともと対馬はカワウソが朝鮮半島と行ったり来たりしていた地域だったということかもしれません」

朝鮮半島と日本列島が陸橋でつながっていたのは一五万年前とされる。その後間氷期の一〇万年以前に対馬と朝鮮半島の間の朝鮮海峡が形成された。朝鮮海峡の形成以後も、カワウソに関しては往来が続いたということなのだろうか。

ちなみにニホンカワウソについて関口さんは、「陸がつながっていたときやはり行ったり来たりしていたのかもしれませんが、隔離されたことでオリジナリティが増したということでしょう」という見解だ。

過去、本州以南のカワウソは、頭骨の特徴から独立種のニホンカワウソとされた経過がある。しかし、ミトコンドリアDNAの最近の研究では、神奈川県由来の個体は、大陸のカワウソに遺伝子的には近いことが指摘されている。それはニホンカワウソの生息地と推定された地域の個体の中には、ユーラシアカワウソの遺伝子を持つ個体が含まれていた可能性を示唆している。

ただし、環境省はニホンカワウソはユーラシアカワウソの固有亜種という見解だったので、そうすると、対馬のものが「ニホンカワウソでない」とも言えない。

そもそも、ニホンカワウソが独立種とされたときに調べた頭骨の中には九州のもの（対馬も）は入っていない。だから対馬にいたカワウソがもともとニホンカワウソだったのか、ユーラシアカワウソだったのかという問いは、昨年の撮影とその後の調査ではじめて試されたというわけだ。

――「対馬在来のカワウソ」とは？

対馬は南北八二キロ、東西一八キロの細長い本島の周辺に一〇七の小島が点在する。最高峰は六四二メートルの矢立山《やたてやま》で、高い山はないものの平地も同じく少ない。島の面積の八八％を森林が占める一方でリアス式海岸が発達し、かつては人の移動手段は船に頼っており、各浦々に集落が点在している。

新型コロナウィルスの感染が拡大する前だったので、韓国から対馬を訪れる観光客が多くて驚いた。主要な観光地では日本語よりも朝鮮語が耳に入るし、案内表示はハングルが併記されている。韓国からの観光客向けの韓国人経営の宿もある。

対馬の領主宗《そう》氏は、江戸時代には豊臣秀吉の朝鮮出兵後に断絶した国交を回復するのに尽力

対馬北端の韓国展望所から対馬海峡を見る

しているし、朝鮮通信使の受け入れに際し、一切の手配を幕府に任せられるなど、もともと日本と朝鮮半島の間で果たしたこの島の歴史的な役割は大きい。「国境の島」として売り出しているものの、実際に韓国からの観光客たちに囲まれて観光地にいると、「よそ者」はどっちだと思う。この島から見ると、ユーラシアカワウソかニホンカワウソかだけにこだわることは見当外れな気がしてくる。

「対馬の動植物は大陸系と日本系のものが入り混じっているのが特徴です」と、その違和感を解きほぐしてくれたのは、環境省対馬野生生物保護センターの山本以智人《いちひと》上席自然保護官だ。

先に述べたように、氷河期に大陸と日本本土を結ぶ「陸橋」と化す対馬では、大陸と日本本土に共通して分布する動植物のほか、大陸には分布するが日本本土には分布しないもの、大陸には分布せず日本本土には分布するもの、さらに対馬にしか分布しない固有型のものと由来の異なる動植物が混在している。

「何が在来かといえばもともとユーラシアカワウソがいてもおかしくない。例えばチョウセンイタチは本州では外来種ですが、対馬では在来種です。ただ飼っていたものが逃げたとなると外来種」となり外来生物法で「防除」の対象ともなりうる。「ユーラシアカワウソでも自然分布のものだとわかれば保全はしやすい」ともやもやしながら、この年二〇一八年度も環境省は調査を継続する意向だった。

「『復活』と見るべきです」と今回の事態を捉えるのは、先に登場した筑紫女学園大学の佐々木浩さんだ。

「今の生息状況は引き続き調べるべきですが、それで飼育個体との区別がつくわけではない。絶滅していたところ何もしないのに復活した。このままいるだけなのか、よそから再導入するのか、カワウソで地域を盛り上げるのか、これから先どうするかは選択の問題。地元の人たちが真剣に考えてほしい」と強調する。

果たしていないはずのものが現れたのか、いても不思議でないものが映ったのか。

——対馬カワウソはなぜそこにいたのか？

対馬でカメラに映ったカワウソ。在来種だったら優先保護、外来種だったら場合によっては駆除の対象にもなるので、環境当局や研究者たちは頭を抱えた。何しろ環境省は二〇一二年に「絶滅宣言」を出し、日本の国土にカワウソがいることは想定されていなかったのだ。

調査で得たフンのDNAを調べると、対馬のカワウソは最低三個体、韓国とサハリンにいるカワウソと近縁であることがわかった。大陸由来の遺伝子を持つユーラシアカワウソがなぜ対馬にいるのだろうか。次のような可能性がある。

①　もともとの生き残り

第一に、DNA調査の結果が示唆するように、大陸のカワウソの分布域がもともと対馬まで及んでいて、それが細々と生き残っていて今回見つかった。江戸時代の『享保・元文諸国産物帳』によれば、対馬やその隣の壱岐《いき》にもカワウソが生息していたとされる。この文献は一七三五～三八年ごろ、徳川吉宗の時代に作成され、環境省の「過去（江戸時代）における鳥獣分布調査」に収録されている。

カワウソ研究者の安藤元一《もとかず》さん（元東京農業大学教授）の『ニホンカワウソ　絶滅に学ぶ保全生物学』（二〇〇八年）でも紹介され、安藤さんはこの著書で総延長九一五キロにも達するリアス式海岸の存在を過去の生息の理由として挙げている。河川で五キロに一頭程度の密度であるとすると、「対馬には二〇〇頭程度のカワウソ収容力」があり、他地域との往来がなくても地域個体群として存続できる。

写真も標本も科学的記録も残っていない対馬のカワウソを「ほんとうに幻の動物」と著書で表現した安藤さんに、直接お会いしてその末裔なのかと聞くと、三頭程度では「あまりない」と否定的だった。「孤立したカワウソの最小存続個体数はわかっていないが、五～八年くらいで世代が交代していくと考えると一〇頭でも厳しい。二〇頭いれば移動するカワウソは人目につく」。調査にかかわった筑紫女学園大学の佐々木さんも同様の意見だった。

②　持ち込み

人為的な要因で海外から持ち込まれた。「いくら日本に悪意があっても、そういう仕方はしないだろう」と、安藤さんはこれも否定する。それに「二年ユーラシアカワウソの生け捕りを試みたけど一頭もつかまらず、手なずけるのも難しい」というのが、韓国で長年カワウソの調査をしてきた安藤さんの実感のようだ。

③　偶然での渡来

五〇キロ先のお隣の韓国に住むカワウソが、何らかの偶然で対馬にやってきたので、大陸由来の遺伝子を持つ個体が対馬にいたのではないかというものだ。この場合、九州と対馬は一三二キロ、お隣の壱岐からでも六八キロあり、潮の流れからいっても九州からの渡来は想定されていない。この説はさらに三つの可能性がある。⑴自力渡来、⑵密航、⑶漂着だ。

⑴　自力渡来

韓国のカワウソが対馬目指して泳いできた。これについて安藤さんは可能性は「非常に少ない」という。カワウソがどのくらいの距離を泳ぎ渡るのかの詳細な研究はない。安藤さんによれば「短時間であれば時速一二キロ程度のスピードを出すことができる」という。しかし遠泳なので仮に半分の時速六キロで泳いだとしても、直線距離で八時間程度かかる。対馬─朝鮮半島間の朝鮮海峡では時速六キロもの速さで対馬海流が日本海へ流れ込む。そうなると泳ぐ距離は七〇キロ程度になる。「目が悪い」カワウソが対馬を目指して泳ぎきる動機は一層なさそうだ。

「五〇キロを泳げるなら、（一九キロの）津軽海峡はカワウソにとって障壁にならず、本州（ニホンカワウソ）と北海道（ユーラシアカワウソ）で二種のカワウソがいることもない」と安藤さんは付け加えた。

(2) 密航

船に紛れ込んだりして渡航した。「そんなのありか」と思う。安藤さんも「カワウソで事例はない」という。しかし「韓国の済州島では一世紀生息記録がないカワウソの死体が二〇一六年交通事故で見つかった。潮流も逆で（一〇〇キロ先の）韓国本土から漂着はなさそうだから、船しか考えられない」と、可能性を真剣に考えるようになったようだ。「トラックの荷台の隙間にミミズクの仲間が隠れて運ばれたことはある」（安藤さん）という。

(3) 漂着

一方で関係者の間で比較的支持されているのが、嵐など何らかの事情で沖に流されたカワウソが、たまたま対馬に漂着したという説だ。佐々木さんも、「韓国でカワウソの子どもが沖合で保護されることはある」という。「潮流があったとして一〇時間ほど流されてくるというのは、たまには起こりうることではないか」というのだ。「丸太があって補助具があれば」（安藤さん）漂流はさらに容易になる。韓国のカワウソ生息数が近年回復しているのも、今になって動画に映った理由として説明できる。

なおＤＮＡから対馬のカワウソの個体識別を行なった九州大学の関口さんは、一つのフンから検出された遺伝子は「高知のものにも韓国のものにも近い」ことを指摘している。そうすると対馬には、高知系と韓国系のカワウソが両方いたか、交雑種がいた可能性もあり、個体数も四個体以上であることもありえる。

いずれにしても、「どの可能性が高いか根拠は何もない」と安藤さんも述べて、韓国から対馬への船の出入りや、韓国の離島のカワウソが半島本土と交雑しているかなどを調べる意向を示していた。それほど研究者にとっては想定外な出現だったのだ。

――漂着説への疑問

ぼくは当初、自力渡来や密航も含めて、偶発的な渡来には否定的な印象を持った。海峡の距離が長いという誰もが考える理由とともに、泳げるカワウソが丸太につかまるなんて本当にあるのかと考えたからだ。それに野生でのカワウソの寿命は一〇年程度とされているから、三頭が同時期に対馬のそう遠くないエリアに漂着する可能性が高いとも思えない。関口さんは、そのうち二頭のカワウソの遺伝子が近く、「親子兄弟か、同じ島から来たなど出身地が同じ」と指摘していたので、漂着よりも対馬にいたカワウソが生き残り、繁殖していたと考えたほうが自然にも思える。

この点について安藤さんは、「妊娠したメスが漂着したのなら血縁関係はありうる」と説明する。安藤さんもカワウソが漂流物につかまる「事例はない」という。しかし「養殖筏に乗ったカワウソが台風などで流される」なら想定できると。

日本でも過去四国のカワウソが養殖筏や船で休んだという話はぼくも聞いた。安藤さんが言うように、「ワンタイムの渡来とは限らず、数年に一度、これまでもカワウソが対馬に来ていたのでは」となると、三頭という個体数も、過去に死体が見つからないのも説明できる。

しかし、そんなに頻繁に来ているなら、対馬で繁殖して増えてもよさそうにも思える。

――生き残りの可能性は本当にないのか？

研究者たちは生き残り説を否定した上でほかの可能性を検討する。しかし、その可能性は本当にないのか。

調査に加わった現地在住のナチュラリストの川口誠さん（対馬自然写真研究所）も、「韓国から来たばかりだというと島内を放浪していることになります。でも海峡はサメも多いし本当に泳いでくるのか」と思案顔だ。

例えばいくらナチュラリストがたくさん対馬に入ってはいても、いるはずもない対象外の動物に注意が向けられるとは限らないだろう。話題になっていたので、ぼくは二日間の滞在で八〇年前のものと六〇年前の佐護《さご》川の目撃情報に接することができた。川口さんに聞けば、数は多くないものの、七〇～八〇代、五〇～六〇代、それに三〇代の人の目撃情報にそれぞれ接している。動画撮影や頭骨を拾うようなことでもない限り、どこに報告するあてもない。いない動物を報告すればバカにされかねない。

たしかに琉球大学は、二〇年以上ヤマネコ調査でセンサーカメラをしかけている。カワウソの撮影に成功した琉球大学の伊澤雅子教授に聞くと、「今回は沢沿いにかけたら映りました。普段設置するのはカワウソがいても映らないような場所」という。常時二〇台ほどのカメラは、一年は同じ場所にかけても移動させる。撮影の可能性はさらに低くなる。

動画撮影後の調査は緊急調査と全島調査で約二週間、全島調査時には一チーム数人の三チーム体制で対馬の海岸線と河川を九七キロ踏破し、それ以外にも調査が行われている。九七キロは対馬の海岸線九一五キロに限ってもその一割程度だ。筑紫女学園大学の佐々木さんも「まだほかにいるかも」という。

佐々木さんは、生き残り説に否定的な根拠として、カワウソが生息するほかの地域と比べて痕跡が少ないことを指摘する。だが、個体数が激減した個体群の痕跡がどのように残されるのかはわからない。人間は痕跡がなかなか得られなければ調査を諦めがちだ。しかし、動物は仲間がなかなか見つからないからといって、パートナー探しを諦めない。佐々木さんも安藤さんも、現在の対馬はカワウソが生息できる環境だという。そう考えると生き残り説も言下に否定すべきものとも思えない。

対馬から一〇〇キロほど離れた五島列島では、カワウソに関して文献調査と聞きこみで記述六件、証言九件が得られ、二〇一六年に上田浩一さん（五島自然環境ネットワーク）らの論文で報告されている。その中には一九八一年にカワウソの死体を目撃した当時九三歳の男性の証言もある。

文献を調べた安田雅俊《まさとし》さん（森林総合研究所九州支所）は「カワウソは東南アジアにはどこにでもいる。一〇〇年前の日本もそう」と解説する。「五島とは生物区系が違う」と断った上で、「ユーラシアカワウソが帰ってくるなら対馬は最初のところ、そのうち帰ってくるだろう。でも早かったよね」と感想を述べた。何よりも今回カワウソが偶然カメラに映るまで、有力な生息候補地は「調べてないけどいない」とされてきた。

――蓋井島で頭骨発見

韓国からの漂着説が想定可能な根拠として、元東京農大教授の安藤元一さんは山口県下関市で発見されたカワウソの頭骨を例示した。ぼくは二〇一四年五月に現地を訪問し、発見者の久《く》志本《しもと》鉄平さんにも話を聞いていたので、その説明には「おや」と思った。久志本さんは、韓国から漂着した可能性だけでなく、ニホンカワウソと両方の可能性を指摘していたからだ。

蓋井島《ふたおい》は対岸の本州本土からは六キロ程、周囲一〇キロ人口九〇人の離島だ。ぼくの聞き込みでは島の人からカワウソの話は出なかった。しかし、久志本さんはやはり江戸時代の古地図「蓋井島地下図」（一七八九年）に、尻尾の生えたカワウソらしき動物と、「獺〔カワウソ〕上ケ」という書込みを見つけている。

実際、瀬戸内海の離島である魚島と江の島は一九六四年にカワウソが漁網で捕獲され、両島はほかの島から四～一〇キロ離れていることを安藤さんも著書で示しているから、小さな島だからといっていないとは言えない。その上、久志本さんが頭骨を計測すると、頬骨最大幅が比較的広く、ニホンカワウソの特徴の一つを備えてもいた。

一方で久志本さんは、島にはいないはずのイノシシの骨を拾ったこともある。発見現場は漬

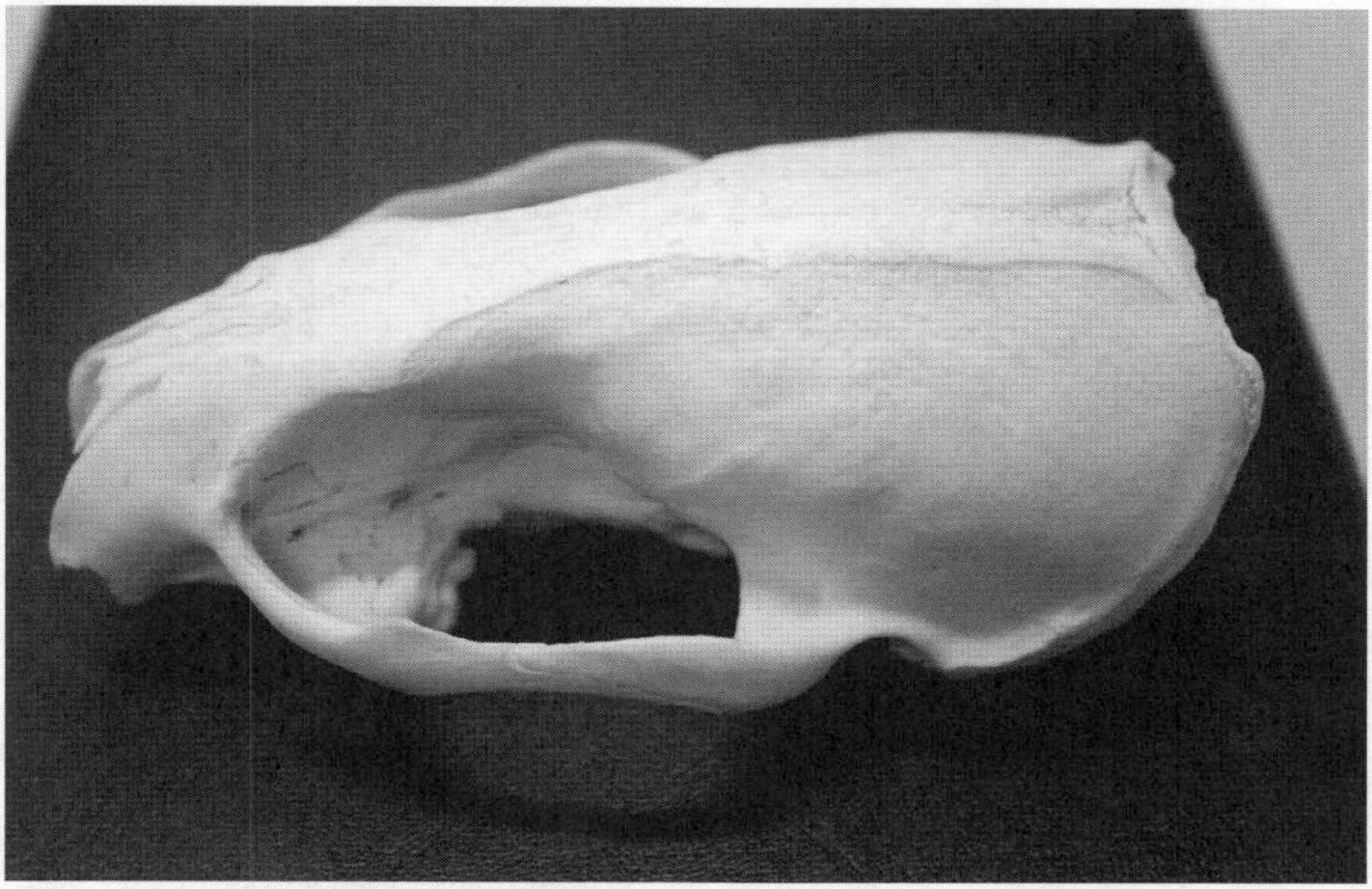

蓋井島で久志本鉄平さんが採取したカワウソの頭骨

物石のような石が転がる海岸で漂着ゴミも多い。骨を拾った冬場は海岸に北風が吹きつけ、久志本さんがゴミを調べると、日本由来が二六個、大陸由来が四九個あり、そのうちハングル記載のものは四二個あった。死骸や頭骨、韓国のカワウソが漂着した可能性もある。

久志本さんは下関市立しものせき水族館海響館のペンギンの飼育員で、二〇一〇年一月のミサゴの調査時に、島の北側の鱶井《ふかい》湾でカワウソの頭骨を拾った。四年後の二〇一四年三月に久志本さんは論文で頭骨を報告している。その間の二〇一二年に環境省は「絶滅宣言」を発表した。

ぼくは国立科学博物館の哺乳類担当の研究員で、この頭骨について調べた川田伸一郎さんにその存在を教えられた。川田さんはこれが比較的新しいものであると印象を語っていたので、「絶滅宣言」後の有力情報として取材をしたのだ。だからそれが「韓国からの漂着物」として片づけられるのはちょっと寂しい。

久志本さんは対馬で見つかったカワウソを「本来いたカワウソの遺伝子が韓国よりだったとしてもおかしくない。それは（本州に近い）蓋井島も同じ」。大学時代は小型のクジラ類のスナメリの研究をしていて、「韓国で見られるスナメリのキールの形状（スナメリの特徴である背中の隆起）がこちらのスナメリのキールで見られるわけじゃないから、海の生き物でもそんなに往来があるわけではない」という。

対馬のカワウソがユーラシアカワウソだとわかって関心が低下したのは、それが本州以南で絶滅したとされるニホンカワウソではなかったからだ。しかし、神奈川県産のカワウソも遺伝子は中国のものに近く、高知のものとは違いが見られることが明らかになっている。

「そうするといったいニホンカワウソとは何か」（久志本）。

誰もが抱く疑問だ。

第3章　誰がカワウソを消したのか？

——カワウソの交通事故

「ここの道路の真ん中に横になっていたんです」

山﨑ちとみさんは、川に沿って上流に向かう二車線道路の左車線を指さした。彼女は新荘川の上流にある高知県津野町で暮らしている。

二〇一七年に対馬で起きたカワウソ騒動からさかのぼること四年前、二〇一二年の環境省による絶滅宣言の翌年、ぼくは雑誌「世界」の取材で高知県を訪問した。

対馬でのカワウソばかりが話題になっていたけれど、対馬以外の本州、四国、九州でカワウソの情報が皆無だったわけではない。わけても「最後」の生息地とされた高知県では目撃情報が散発的にあり、ブログでカワウソ情報を発信していたジャーナリストの成川順さんのもとにも寄せられていた。果たして絶滅宣言が妥当だったのかどうか、現地の状況を見ておきたいと足を運んだ。絶滅宣言は、主に高知県で情報が途絶えたことを根拠にしていたからだ。

山﨑さんが見たのはこのときから一〇年ほど前のことだ。仕事が終わってから習い事に行き、スーパーで買い物をして車で帰宅途中に、ヘッドライトの先に見たことのない動物が浮かび上がった。車から降りて触ってみると体温があった。

その動物を見つけた現場の川下には、川と道路との間に小さな森があり、その脇に川へと降りる階段がある。動物の通り道になっているのか、タヌキやハクビシンが死んでいることも度々ある。助けて家まで持ち帰ることもあった。だからほかの動物と見間違えようがない。イタチより大きく、親指の先くらいの小さな耳がのぞいた。口もとには血がついていたものの大きな怪我は見あたらない。山﨑さんはその動物を車に乗せて自宅に向かった。「とても臭かった」のを覚えている。動物は途中で動きはじめ、家に帰ってスーパーで買った刺身を与えると食べた。

翌朝には元気になったので、近くの川に運び車から出して道の脇に放った。車の臭いは何日も残った。

カワウソかもしれない、そう思った山﨑さんは、当時、高知県のカワウソ調査員だった豊永《とよなが》哲史《てつし》さん（故人）に報告の電話をした。当時、豊永さんのもとにも、カワウソをはねてしまったという知り合いから情報が入っていた。

死体は探しても見つけられなかったという。山﨑さんが救ったものと同じ個体だったとしたら、車の下に潜んでいたのかもしれない。

二〇一二年九月、山﨑さんは動物を助けた場所のすぐ上流で、線を引いて川を泳ぐ黒い動物を見ている。それでテレビでカワウソ探しの活動が紹介されていた、いの町在住の成川さんに電話をした。成川さんは目撃情報を地元の高知新聞で投書し、それを見た読者の中で「そういえばあのとき」という人が情報を寄せるという形で調査を繰り返していた。

ぼくは成川さんが山﨑さんと行なった現場検証に、二〇一三年三月三日の朝、立ち会った。成川さんも同じ時期に、豊永さんからカワウソをはねた人の話を聞いていた。日時と場所が符合する。そこはかつて最後のニホンカワウソの写真が撮影された新荘川でも、もっとも目撃情報の多い場所の一つだという。道路から川を見下ろすと、五〇センチほどのコイが群れを作って淵を泳いでいた。

「種がなくなるっていうことはたいへんなことですよね」

山﨑さんがつぶやいた。

「だからそんなに簡単にはなくならないと思うんです」

成川さんがすぐに答えた。環境省が二〇一二年八月二八日に日本産カワウソの絶滅を宣言して以来、成川さんはマスコミから取材攻めにあっていた。

——四頭いる？「最後の一個体」

その日ぼくは成川さんについて、仁淀川のカワウソを撮影するための赤外線センサー付トラップカメラをしかけている場所を回った。

成川さんは高知県にＩターンし、子どもの夏休みの宿題でカワウソ探しをテーマに取り上げたのがきっかけで、一九九三年から自分も探すようになった。ちなみに、その宿題で、成川さんの娘さんの彩さんは、「オペル冒険大賞」のスカラシップ賞を受賞していた。成川さんは彩さんに地元の朝日新聞に手紙を書くように勧めて調べものがはじまった。彩さんはその後、朝日新聞の記者になって、絶滅宣言のときにカワウソの記事をまとめている。

その夏休みの課題をいっしょに取り組んでいる年、仁淀川沿いの道路を車で走っているときに、ルームミラー越しにカワウソが通り過ぎるのを成川さんも見ている。当時は仁淀川にカワウソがいることは知られていなかった。

ぼくが訪問したとき、成川さんは塾経営をしながら週二回ほどカメラのＳＤカードの交換に行っていた。最初に行ったポイントは、茂みの先の浅瀬で、川が中洲状になっている。周りからは見えず、野生動物にとっては格好の休み場に見える。一〇年ほど前に目撃情報がある場所だ。ここから上流の水門までコンクリート三面貼りの水路が延びている。ここを通るカワウソも目撃されている。車で移動してたどり着いた水門の上手は淵になっていて、カヌーで休んでいた成川さんの友人が目を覚ますと、目の前にカワウソがいたという。

一方、入ってくる情報は確実に減っていた。当初は四カ月に一回程度は情報が入っていた。それが「絶滅」報道で情報が入る前の二〜三年はなかった。寄せられた情報のカワウソがおおむね五〇センチほどと小さいのも成川さんには気にかかる。イタチとの見間違えでなければ、近親結婚をくり返して小型化が進んでいるのではないかと。

皮肉なことに二〇一二年に絶滅宣言が出てから成川さんのもとには一二件の情報が寄せられた。このうち一年以内の情報は四件あり、冒頭の新荘川の情報ほか、仁淀川、鏡《かがみ》川、かつての生息地だった土佐清水と続く。鏡川と仁淀川は上流部が近接しているから同一個体かもしれない。それにしても寄せられた情報を仮に信じれば、「最後の一個体」が四頭程度いることになる。

寄せられた情報一二件のうちの三つが鏡川の情報だ。この川は高知市の市街地を流れる。三件のうちの一つは成川さんの自宅の近くに住む男性からのものだ。渓流釣りには五〇年のキャリアがあり、野生動物には比較的詳しいという。最上流部の川沿いの道路を横切った黒い動物は未だ見たことがないものだった。

仁淀川から帰ってきてから、男性に直接お話を伺った。その動物を見かけてから当の本人もカワウソ探しをはじめ、この日も現場に行ってきたという。新しく寄せられた高知平野の二つの情報とともにこれまで情報のない地域だ。探されていないだけではないだろうか。

――川を泳ぐクジラ

「上流のほうでポチャンと音がしたので川をのぞくと、川面がピカッと光って、背中が見えました。スーッと泳いでクジラという雰囲気です。大蛇やイノシシとは違います」

仁淀川沿いの飲食店のテラスで、店を営む田村住子さんは二〇年ほど前、ある動物が川を進む様をそう表現した。四月か五月か、その日は台風でいつもより水が多く、濁っていた。

〝クジラ〟を見た少し前には、付近でカワウソの目撃情報があったことを田村さんは覚えている。この淵にはコイがたくさんいるという。二〇メートルほどの高さのテラスから見下ろすと、翡翠色の仁淀川が淵を作ってゆったりと広がる。

田村住子さんが「クジラ」を目撃したテラスから見える仁淀川

「クジラというのは大きいというイメージですよね……」

高知大学名誉教授の町田吉彦さんが、田村さんが店の奥に戻った後、証言を読み解いてくれた。彼は高知県の委託を受けて長年カワウソの調査員をしてきた。

町田さんに会う前、成川さんには「町田さんの前で『絶滅』と言うと機嫌が悪くなる」ので気をつけるようにと念を押されていた。カワウソにはひとしお思い入れがある。民間の調査研究団体、四国自然史科学研究センターの理事長でもある。

高知大学のロビーで町田さんにはじめて会ったとき、カワウソについての豊富な知識はもちろんのこと、「環境省の鼻をあかそうとかいうより、見てみたいんや」と話していた。大振りの顔立ちで純粋に話しているところが愛嬌がある。「生きたニホンカワウソは見たことがない」というのがネタになっている。ぼくがこれから土佐清水に取材に行くと伝えたときには「先に見つけないでおいて」と口にしていた。

カワウソ以外の四本足の動物は足を使って泳ぐ。それでは水面が波打ち、「スーッと」は泳げない。犬や、よくカワウソと間違えられる大型のネズミ科動物ヌートリアでは、頭と尻が水面に出る。カワウソだけが尻尾を使って泳ぐ。だから背中が見えた。「消去法から言ってもカワウソしかいない」と町田さんが説明する。

絶滅宣言でカワウソがいないとなれば、いないはずの動物の目撃証言はしにくくなる。ますます調査や保護のきっかけがなくなる。町田さんは宣言で絶滅が早まることを懸念していた。

――「最後のカワウソ」は二頭いた

それでは環境省が「絶滅宣言」の判断基準とした最後の確認個体はどのカワウソなのか。それは絶滅宣言から遡ること三三年前、一九七九年まで新荘川で確認され、撮影もされた個体だとされる。

高知新聞社が一九九七年に発刊した『ニホンカワウソやーい！　高知のカワウソ読本―四国

全域に幻の姿を追う』という本は、町田さんや成川さんも登場し、四国のカワウソ生息情報の基本文献になっている。その中に高知県のみならず、日本のジャーナリストたちの興味を掻き立てたこのカワウソについての報告記もいくつかある。というのも、当時もカワウソは「幻の動物」だとされていたからだ。

案の定、高知県西部の幡多《はた》地方でカワウソの調査を続けてきて、『南国のニッポンカワウソ—生きのこる姿を求めて』（一九七四年）という著書もある辻康雄氏は、この情報に「ヌートリアではないか」と疑問を投げかけた。これに同調する大学教授も現れ、国立科学博物館の今泉吉典氏が写真鑑定でその疑惑を打ち消すという真贋論争にも発展した。当時、カワウソは四国西部にしか生息しないとされていたのだ。

この個体は、一九七四年七月二五日、上分《かみぶん》公民館そばの新荘川で発見、捕獲され、駆け付けたカワウソ調査員の古屋義男氏（高知女子大学助教授：当時）によって、カワウソと確認されている。子ども会のキャンプ大会のために、市の職員たちがキャンプ場を設営しているとき、その中の一人が水中を上流に泳ぐ動物を見つけ、全員でヨシの繁みに追い込んだ。護岸には一〇〇人近い見物人が集まり、この時泳ぎ出たカワウソの尻尾を一人がつかんで逆さづりしたときの写真が残っている。

その後も人々の前で遊泳するこの個体の一挙手一投足が注目され、多くの記録写真や映像に

1979年6月に須崎市の新荘川で撮影されたニホンカワウソ（撮影：高橋誠一さん　提供：朝日新聞）

残されている。翌七五年九月には河口の須崎湾、大阪セメント高知工場の食堂に入り込んだり、一九七九年には、上流の支流、依包川《よりかね》や新荘川一帯で広く目撃情報が寄せられたりと、写真や映像にも多く残されているので、これらが「最後の生存記録」となっている。そして須崎市はこの出来事を最大限に生かして、ゆるキャラ「しんじょう君」を生んで、町おこしに使っている。

「二頭いるんじゃないかと研究する人の中では考えられていた。そう考えることもできなくない」

当時のデータを解析して「最後の生存記録」についての仮説を裏付ける検証結果を二〇一七年に論文にまとめたのは、高知大学理学部の卒業生の吉川琴子さんだ。

二頭いるのではというのは、一九七四年七月以降、多くの人の目が新荘川に集まる中で抱かれてきた想定だ。二〇一二年に絶滅宣言が出て以降、一時的に研究者たちの間でニホンカワウソへの関心が高まり、論文やレポートの発表が続いた。吉川さんの研究もその一つだ。

卒業して文化施設の職員をしている吉川さんは、絶滅動物に興味はあったとはいっても、「ニホンカワウソに親しんできたわけではない」という。学生のときに、須崎市教育委員会のプラスチックケースに入れられた過去のカワウソ資料のデジタル化を頼まれて、それらを整理し検証することができた。新荘川周辺で時間や場所を特定できた目撃情報は二七六件あり、そのうち一九七九年の情報が一一一件あった。資料にも、一九七四年の個体はメス、一九七五年のものはオスと明記されていた。

ただ吉川さんも「ちゃんとオスメスを見分けていたのかはわからない」と首を傾げる。資料自体も「いろんな人が資料を残している。地元の有志だとは思いますが、だれが集めたのかはわからない」という。

吉川さんが二個体とする根拠は、「一つには首輪がある個体とない個体、紐がついていたくせや傷がある個体とない個体で分類できること。もう一つは、人に慣れて子どもと泳いでいる写真がある一方で、逃げてしまう個体の報告があるということ」だ。

首に紐が巻きついた状態での報告というのは、一九七九年七月以降、カワウソの首に「首輪」がついた状態での目撃情報が寄せられるようになったことを指している。吉川さんが整理した資料の一覧の中にも同月に「大学生が捕獲して胴に縄をつけて歩く、通りかかった郵便局員が注意して放獣」という記載がある。

こういった当時の情報から、「もともとカワウソは用心深いはずなのに、飼っていたのかな」と考えたのは吉川さんだけではなかったようだ。この首輪は、監視員の一人がそっと近づいて取り除かれ、刈った稲を自動的に束ねるときに使用するナイロン製の紐とわかっている。

吉川さんは、情報の信頼度を分類し、紐や傷跡の有無で情報を分け、地図と出没時期の表にそれらを落として、一九七九年には複数個体いた可能性を指摘している。以降の新荘川周辺の情報は、九〇年から九五年にかけて年一〇件以上の年もあってわずかに増えている。その他の地域では、一九八三年に一二件、その他の年は一〇件未満、一九八〇年以降は信頼度の高い情報はなく、一番新しいのは新荘川周辺で二〇〇九年のもので山﨑さんが助けた時期より新しい。その他の地域では一九九九年となっている。

吉川さんのまとめたデータを見る限り、新荘川周辺でのカワウソ情報は一九七九年をピークに減少傾向にある。

「現れなくなったというのは、二、三回捕まえられていますから、場所を変えたというのが考えられます。いやなことはトラウマにはなるでしょうから。その後場所を変えて死んだのかもしれません。同じ個体は何回も捕まらないでしょうから、それも別個体の根拠にはなります」

ぼくは、資料を整理した吉川さんから、現在の生息情報や、ニホンカワウソの生態について何か手がかりを得られるかと思って訪ねて行ったのだけど、吉川さん自身も「生きていると信じているわけでも……」という感じだったし、生態については資料が少なくて想像するしかなさそうだ。

「マップソフトに情報を落としただけ」と吉川さんは謙遜するけど、未公表のカワウソの表情のわかる写真も論文には載せられていて資料的価値がある。「最後の生息情報」は生息を判断するにおいて重要なはずだし、生息の手がかりを得るための貴重な資料のはずだ。ところがそれが検証されたのは、絶滅宣言後に外注した資料整理の中でだった。

一九九七年に発刊された『ニホンカワウソやーい!』では、土佐清水市を中心にカワウソの調査をしていた高屋勉氏が一九九六年に撮影した足跡写真が情報一覧の最新のものとなっている。

一九九六年と言えば、絶滅宣言の二〇一二年の一六年前だし、新荘川の二〇〇九年はわずか三年前の情報ということになる。この宣言は「既定路線」だったのではないか。

――代理人なき「絶滅宣告」

高知大学名誉教授の町田吉彦さんが調査員を引き受けた一九九一年、環境省のレッドリストでニホンカワウソは絶滅危惧種になった。須崎市の新荘川で、最後の確認個体となったカワウソが大勢の人々に撮影されてから一二年が経っていた。だから、町田さん自身は痕跡は発見しても、カワウソを見たことがない。

「環境省が依拠しているIUCN（国際自然保護連合）の新しい定義に基づけば『絶滅した』とは言えないはずです」と町田さんは強調する。IUCNの基準は二〇〇一年に改訂された。それによれば「絶滅」とは以下のようになる。

「疑いなく最後の一個体が死亡した場合、その分類群は『絶滅』である。既知の、あるいは期待される生息状況において、適切な時期に（昼と夜、季節、年間を通じて）かつての分布域全域にわたって徹底して行われた調査にもかかわらず、一個体も発見できなかったとき、その分類群は『絶滅』とみなされる。判定を行うための調査は、分類群の生活環と生活形に照らして、十分な期間にわたって実施すべきである」

環境省は二〇一二年の「絶滅宣言」に至ったレッドリストの改訂作業を五人の学者の検討会でおこなった。五〇年という従来の基準は残しつつも、先に触れたように、①信頼できる調査や記録により、すでに野生で絶滅したことが確認されている②信頼できる複数の調査や記録によっても生息が確認できなかった、という判断基準によってニホンカワウソを「絶滅」とした。これらがＩＵＣＮの定義を反映させた部分だという。もっとも二〇〇一年以前と文言は変わらない。

町田さんはぼくが訪問したころ、成川さんが得た情報とは別の目撃情報を得てカメラをしかけていた。二人とも自費だ。環境省によればそんな調査は「信頼できない」わけだから、二人とも環境省に対しては手厳しい。

「誰かが言ったから絶滅にするなんて恥ずかしいことです。わからないことはわからないとするのが学問的な態度です」と町田さん。

二〇一三年に環境省の野生生物課の浪花《なにわ》伸和さんに尋ねると、環境省はレッドリスト改訂にあたって日本哺乳類学会に照会している。どのくらい調査をしたのかと聞くと、検討会で検討し、カワウソ研究の第一人者で元東京農業大学教授の「安藤元一さんが否定された」と説明した。カワウソの研究者たちは、大きな動物なのに姿が見られないことで生存を否定したようだった。

ただ、「今ある現在の状況で判断を見直すので、今後見つからないことを証明するものではない」と浪花さんは付け加えた。ぼくは現地で調査をしている人がいることを把握しているかと聞いたものの否定された。「パブリッシュされた情報」をもとに判断したという。

そんなわけだから、過去の町田さんの調査報告は見たかもしれないけど、成川さんにも町田さんにも問い合わせはない。町田さんは魚類の分類を専門にしていて、ニホンカワウソの研究者だとは自称しない。町田さんに限らず、研究する材料がないから、日本でニホンカワウソの研究をしている人は事実上いなかった。「絶滅」宣告にあたって、ニホンカワウソに代理人はいなかったのだ。

――導入論の急浮上

「『絶滅宣言』が出されたとき、『なるほどなあ』と。『再導入』の議論が出てくるだろうと」

成川さんはそう思ったという。予言は宣言から二四日後に、野生動物保護学会で安藤元一さんが導入論を主張することで現実になった。

ぼくもニホンカワウソと同様、「絶滅宣告」を受けた九州のツキノワグマの調査で、クマの研究者たちと同行したとき、この宣言が既定路線だったという話を聞いている。

安藤さんは自身の著書『ニホンカワウソ　絶滅に学ぶ保全生物学』の中でカワウソの絶滅を「北海道亜種は一九五〇年代、本州以南亜種は一九九〇年代に絶滅した」とし、それをもとに環境省はレッドリストを改訂していた。

翌二〇一三年二月一三日の成川彩さんの朝日新聞の記事では、安藤元一さんはDNA解析の結果から、本州以南のニホンカワウソはユーラシアカワウソの亜種である可能性を指摘して、「導入に向けて動くなら今」とコメントしていた。

絶滅宣言当時、対馬のカワウソはまだ見つかっておらず、導入論が急浮上する中、いなくなったカワウソが大陸のユーラシアカワウソと同じものかどうかは、調査打ち切りによって「再導入」に舵を切るのか、それとも絶滅宣言を否定して調査を継続することが保護につながるのかの政治的な争点になりつつあった。もちろん国は前者の道の布石を打ったし、環境省のもともとの見解は、亜種説だから「再導入」と矛盾しなかった。


「ニホンカワウソは固有種ではなく亜種だったから導入できる」という主張に、町田さんは「種とは何かがわかっていない」と首を振った。分類学ではある種に名前を付けるとき、哺乳類の場合、頭骨と毛皮をもとにする。要するに形、見た目の違いで名前を決める。ほかの種とどこが違うかは、「キャラクターのどこに目を付けるか」(町田さん)によって異なる。主観が入る。

「ニホンカワウソ」と一般に呼ぶ場合、それは国立科学博物館の故今泉吉典氏と吉行端子さんとが、高知県中村市(現四万十市)で一九七二年に撲殺死体で発見された標本を分類の基準となるタイプ標本に指定し、一九八九年に発表した論文で、本州以南の日本産カワウソを新種*Lutra nippon*として発表したことによる。

それまでは北海道のカワウソも含めて日本産のカワウソは、ユーラシア大陸全域に分布している「ユーラシアカワウソ」*Lutra lutra*の亜種(種のバリエーション)*Lutra lutra whiteleyi*として今泉氏が一九四九年に分類していた。命名は早い者勝ちである。今泉氏らの一九八九年の発表に基づけば、北海道産のカワウソはユーラシアカワウソの亜種*Lutra lutra whiteleyi*、それ以外の地域の日本産カワウソは、固有種*Lutra nippon*となる。

ただし、どれくらい違えば種と亜種が分かれるかの明確な基準はない。二〇一二年九月当時の野生動物保護学会での安藤氏の発表は、「独立種とする先行研究とは異なり、ニホンカワウソがユーラシアカワウソの単系統に入るという結果になった」、すなわち亜種の可能性が高いと述べる。しかし町田さんは、「短い遺伝子しか読み取っていないし、ニホンカワウソの遺伝子がユーラシアカワウソと近いのは前提」と首を振った。

ＤＮＡ解析で遺伝子レベルでの遠近がわかっても、それで種と亜種に線を引くことはできない。それに核かミトコンドリアか、遺伝子のどこを読み取るかで結論も違う。したがって、それを根拠に導入論を語ることは、本来ならできないはずだというのだ。

種とは一般に繁殖集団を指す。子孫を残せるかどうかの生殖の遺伝子は環境によって変わらない。しかし、形を決める遺伝子は環境によって変わる。命名は環境と密接に関係するから、その動物と同じ環境で暮らしてきた土地の人にとっては、生殖の点で「同種」というだけでは納得しがたいだろう。「地元の人は（導入について）しっかりとした判断をするはずです」と町田さんは強調する。

そもそもニホンカワウソが激減した原因もわからないまま、環境は現状のままに「同じカワウソだから」とよそから連れてきても、同じことがくり返されるのではないか。

――生息確認と保護は同時並行

「もし見つかったら、環境省にカワウソに頭を下げさせる」

かつてニホンカワウソを飼育していた、道後動物園（現愛媛県立とべ動物園）の職員だった宮内康典さんは、宇和島市九島《くしま》で保護された、愛媛県最後の確認個体の解剖を手掛けた人だ。

絶滅宣言後に二度ほど電話取材に応じてくれて、カワウソへの複雑な心中を語ってくれた。

当時、高知県内でニホンカワウソの調査を曲りなりにも継続していたのは、先の町田さんと成川さん以外にはほぼ見当たらなかった。国内に範囲を広げても現状も含めて具体的な話ができる人は、地元紙にコメントが出ていた宮内さんぐらいしかたどり着けなかった。

一九七五年のぼくの生年と同じ年が愛媛県では「最後の生息情報」なので、二〇二一年の今年はそれから四六年目になり、愛媛県のレッドリストはニホンカワウソは「絶滅危惧種」のまま。絶滅宣言直後の二〇一二年九月一日の愛媛新聞には「カワウソ絶滅宣言　実態を把握したうえで撤回せよ」という大胆な見出しの社説が掲載され、県版レッドリストの担当者の言葉を借りて、環境省の調査手法自体に疑問符をつけ、「必ず生息している。引き続き調査して証明したい」とコメントを紹介している。ただ、絶滅を五〇年という基準にとれば、愛媛県でもあと四年の猶予しかない。

「絶滅にしてそっとしておけばいい。一〇〇年経ったら絶滅する」というのが、宮内さんの考えだった。そうはいっても、「生きている間に導入するのは反対。『絶滅』の理由がわかっていないのに、導入しても二の舞になるというカワウソフォーラムの結論を思い出してほしい」と、再導入の旗を振る安藤さんには批判的だった。二〇〇〇年に当時のカワウソ研究者や関係者を集めたフォーラムが須崎市で開かれている。一方で宮内さん自身も、「県に赤外線カメラを一〇〇〇台くらい買って調べるように言った」と生存確認への未練を断ち切れていなかった。

愛媛県最後の個体を解剖した宮内さんは、クジラやイルカのように、ニホンカワウソも分葉腎であることを確認している。腎臓が分葉だと、海水を取り入れて塩分だけ排出して水分を取ることができる。カワウソの仲間のラッコも同様で、「陸上に上がらずに海で子育てしているものもある」という。

つまり、真水の得られない無人島でもカワウソは生きていくことができる。「四〇年間の調査は意味がなかったのではないか」と宮内さんは振り返り、そうなると「動物学的に言って絶滅は考えられない」ことにもなる。

四国南西部の海岸は、離島や無数の無人島が散在していて、これらに過去調査の手が行き届いていたとは言い難い。ただし、分葉腎について言えば、陸上動物のパンダでも見られるというし、牛も分葉化が進んでいるという。

「私たちの世代が最後。道後動物園にいるカワウソを見に行ったことがある。当時は最後の飼育個体のマツがいました。愛着がありました。絶滅宣言を機にカワウソのことを書こうと思った。でも遅かった。昭和末年にしておけば……」

愛媛・道後動物園で飼育されていたニホンカワウソ「マツ」

そうカワウソ「絶滅」を悔やむのは、二〇一五年に『ニホンカワウソの記録　最後の生息地四国西南より』という著書を出版した伊予市在住の元教員、宮本春樹さんだ。四国西南地域の民俗学の著作もある郷土史家で、「カワウソ村」が設置された御荘《みしょう》町（現愛南《あいなん》町）銭坪《ぜんつぼ》の対岸の小学校に赴任したこともある。

「カワウソ村」は、当時のハマチ養殖の「敵」として漁民から嫌われていたカワウソの保護増殖施設だ。愛媛県が御荘町とともに一九六六年に開設している。当時の新聞は、観光と保護を兼ねた「カワウソ村」の開設に「地元漁民と平和共存」とタイトルを振っている。

この本は、ふんだんな資料と現地踏査、関係者へのインタビューも交えて整理したもので、愛媛県と高知県のカワウソ保護と「絶滅」の歴史の詳細を知ることができる。カワウソの生息や生態の調査の進行と保護活動は、同時並行で進んでいった。

カワウソ自体は、江戸時代には北海道から九州まで広く分布していたことが、多くの文献からうかがえる。しかし一般のイメージとしては、江戸時代に定着した河童のモデルや、捕まえた獲物を並べる様子を「獺祭《だっさい》」と呼ぶ程度の知識しか今日ぼくたちにはない。愛媛県でカワウソ保護に乗り出した担当者や学者たちも、詳しい生態についての知識を最初から持っていたわけではない。

というのも、カワウソの生息地として知られるようになった愛媛県でも、一九五四年に肱《ひじ》川の中流域で捕獲された雌個体が毛皮商に持ち込まれて、カワウソは「再発見」されたからだ。前年の一九五三年に、できたばかりの愛媛県立道後動物園の初代園長、清水栄盛《えもり》氏が、「すでに現存していないだろうと言われているが四国では疑問視されている。全くいないとはいいきれない」と、新聞で情報提供を呼びかけたのがきっかけだ。

その後、清水氏や道後動物園、愛媛県の教育委員会関係者がカワウソの生息場所を明らかにしていく。道後動物園も計六頭の飼育に取り組んだものの、繁殖には成功していない。

一九六一年には愛媛県の天然記念物に、六四年には国の天然記念物に、そして翌六五年には特別天然記念物にそれぞれ指定され、これらは当時の文部省（文化庁）―教育委員会の管轄の保護策で保護区設定の根拠にもなった。

希少な動物との認知の高まりや、動物園の飼育保護とともに試行錯誤が続く。「カワウソ村」もそんな中で開設したものの、入江に設けられた園地に放たれた二頭は脱走している。何しろカワウソの保護については当時の愛媛県が世界に先駆けてのもので、関係者たちも暗中模索だった。しかし同時に、カワウソの調査と保護にかける人々の情熱と行政の取り組みが果敢になされたのもこの地域で、それは絶滅宣言に対する地元紙の反発を見ればわかる。


こういった歩みを高知県も後追いし、一九五〇年代半ばに愛媛県で調査が行われ、天然記念物指定の話題が出はじめると、高知の土佐清水や四万十川流域での発見情報が新聞に載るようになる。本格的な保護調査が取り組まれたのは、愛媛から約一〇年ほど遅れてのことだ。それも「幡多の自然を守る会」の辻康雄氏が、一九七二年に四万十川河口付近のネノクビ海岸で発見された死体を今泉氏のいる国立科学博物館に送ることがきっかけだった。科学博物館や愛媛県の関係者も加わって調査団が結成されて行政を動かしていく。

ただこの調査も主導権争いも絡んで、スムーズに行ったようにも見えない。高知での保護策はどちらかというと年々減少していく生息情報の確認に費やされた印象を、宮本さんの本を読むと受ける。現在の生息については「信じられない。養殖の生け簀に入ってこないんだから」

というのが宮本さんの見解だった。

「生息密度は高知よりも愛媛側が圧倒的です。宇和島市近海の宇和海にカワウソがいたというのは、この地域が日本一のイワシの漁場であったというのもあるでしょう。全体が湖のようで、リアス式海岸で穏やかです。外洋と隔てられていて魚の生育には一番いい」

当然カワウソも食べ物に事欠かなかっただろう。

「高度成長から取り残された地域で、よそよりも一〇～二〇年遅れている。それがカワウソが残れた要因」と宮本さんは考える。宮本さんは、「宿命的貧困地帯」と表現するこの地域の住民の生活実態を、イワシ漁や段畑の形成や歴史を踏まえて自身の著書で生き生きと描いている。

実際、対岸の大分に住んでいたぼくは、一九八〇年代の小学生のとき、父に連れられフェリーに乗って四国に渡ると、国道であっても一車線が珍しくなく、とたんに道幅が狭くなったこの地域のインフラの遅れを実感している。愛媛から大分に移り住む人もいた。父は「愛媛の人は昔から成功すると言われている。商売がうまいし、苦労を苦労と思わない人が多かったのだろう」と評していた。

海岸伝いの一本道から浜へと続く曲がりくねった道を下りると、わずかばかりの段畑とともに、数軒の民家が周囲から取り残されたようにあり、海岸には、今は使わなくなった手漕ぎの船が置かれている。カワウソの調査のために、愛媛と高知の県境付近の浦々をめぐると、時代から取り残されたようなそんな風景に、どこに行っても出会った。自給自足的な人々の生活もまた、カワウソの生活ぶりと隔絶していなかったのではないか。

しかし現在では、確かに愛媛県側のほうがむしろ、海岸沿いには道路が張り巡らされて、野生動物が上陸するにも苦労するだろうし、湾はどこも真珠などの養殖の生け簀で埋まっている。開発の程度は高知県西部の幡多地域よりもずっと深まっているように感じられる。

宮本さんの本は「失敗は再びくりかえすまい　三五・八・二六」という写真の裏の書付を最後に収録している。表面は、地の大島で捕獲に失敗して死なせたカワウソの写真だ。文字はこのとき捕獲隊の責任者の大川猛見《たけみ》氏（道後動物園）のもののようだ。宮本さんは、近い将来ニホンカワウソがひょっこり現れる日を、この言葉を胸に刻んで待とうと結んでいる。

宮本さんが収集した中では、高知県大月町に接する、愛媛県愛南町大浜の黒崎鼻《くろさきはな》での一九九二年の四頭の目撃情報が最後だ。ぼくが宮本さんのもとを訪問したのは二〇一八年、土井さんたちの大月町での調査に同行した帰り道で、そのことも伝えた。

「見つかればすばらしい。文句言うことない。恐れ入りました、ですよね」

第4章　カワウソ絶滅説・減少説の再検証

――いなくなったのは、カワウソではなく探す人

ニホンカワウソの「絶滅宣言」は二〇一二年。一九七九年の新荘川での個体確認から三三年という異例の早さでの環境省の捜索打ち切りだった。そしてその後導入論が浮上した。

この決定には、当時カワウソ研究の第一人者だった元東京農業大学教授の安藤元一さんや、その著書『ニホンカワウソ　絶滅に学ぶ保全生物学』が与えた影響が大きいというのは、哺乳類の研究者の何人かから聞いた。著書では、個体数減少の要因とともに、生息情報と調査を検討し、「一九九〇年代に絶滅」いう小見出しとともに、「絶滅」を根拠づけている。

これを見ると、安藤さんがカワウソをこの時期に絶滅とした理由がわかる。愛媛県では一九七五年の宇和島市九島の個体を最後に確実な生息情報が上がらなくなり、生息情報は一九七三年から行政による調査が行われるようになった高知でのものが中心となる。安藤さんは、これら調査からデータを拾い出し、足跡やフンなどの痕跡発見数を折れ線グラフに落としている。上下しつつも一九八〇年代から続いた減少傾向の折れ線を、真ん中あたりで直線にして引き、それが一九九〇～九一年ごろにゼロに至っている。痕跡情報の直線的な減少が絶滅を

根拠づける第一の理由だ。

縄張りを持つカワウソが、一年のうちで限られた発情日に雌雄が出会って交尾するためには、一定以上の密度が必要だから、安藤さんは、一九九〇年以降の状況でカワウソが継続繁殖できたとは考えられないという。野生下での寿命は一〇年以下だから、そうすると二〇〇〇年以降に生き残っていそうにない。カワウソは水辺に生息する活動的な動物で住民の関心も高いから、一頭でも生息していれば何年も目撃されないとは考えにくい。環境庁（当時）の調査もされる中で、二一世紀まで生き延びた個体はいないだろう。というのが、安藤さんが五〇年という絶滅の目安の適用除外にカワウソをしてもいいと考えた理由だ。

九〇年代初頭には環境庁の生息確認調査が行われており、安藤さんが検索した読売新聞東京版では、調査の記事はあっても目撃等の記事はなく、生態の記事も高度成長期には二五％を占めていたのが、四％に減少している。これも「カワウソがいなくなったことの反映」と安藤さんは解説している。

もちろん「いないことの証明」は誰もできない。しかしだとすると、五〇年という時の基準は、この場合厳密に適用するのが本来ではないのだろうか。安藤さんの分析は、カワウソの絶滅を証明しているだろうか。実際の生息の証拠を示していない中では水掛け論に終わるのを承知で、少なくともいないとも言い切れない理由も考えてみたい。

まず、安藤さんの作成した折れ線グラフでも、一九九四年以降に四年続けて一〇件以上の痕跡発見数のデータが掲載されている。このデータはグラフの絵解きを見ても「新聞記事から」としか書いていないし本文にも解説がない。

これらの情報は安藤さんも無視できなかった。この中には、成川さんが娘さんの夏休みの宿題に、これまでノーマークの仁淀川をフィールドにカワウソ調査をはじめた記事も含まれていただろうか。考え方の問題としてあえて言えば、もともとレッドリストが保護のためのものであるなら、そのランクの「格下げ」には、これらの情報の解釈にそれなりの説明があってしかるべきだ。

この折れ線グラフは一九九七年で終わっている。成川さんが地元の高知新聞に投書しながら目撃情報を得ていた時期は、二〇〇〇年以降だし、安藤さん自身も、高知県環境保全課に年間数件の目撃情報が寄せられていることには触れている。確度の高い情報ではないと安藤さんは片付けているものの、保護のためにこれら情報を検証していたのは、町田さんたち地元の調査員たちで安藤さんではなかった。確実な生息情報の背景には、それよりも多い不確かな情報がある。しかし、確実なもの以外を「不確か」とすれば、確実な情報にはたどり着かない。

ほかにも目撃情報があったにしても、関心の低下とともに通報先がなくなれば、情報自体が宙に浮く。実際、今年三月に剥製の問い合わせで土佐清水市の教育委員会を訪問したとき、教育委員会は二〜三年前の目撃情報を把握していて、それをもとに土井さんと現地調査に行った。しかし目撃者は「市は何もしなかった」と不満顔だった。これが「確度の高い情報ではない」ことの実態ではないだろうか。

安藤さんが検索した全国紙と違って、高知新聞は断続的にカワウソに関する情報や調査について、今日に至るまで記事にしてきた。二〇一二年八月二八日の環境省による絶滅宣言後、高知新聞は二日後の三〇日から、「カワウソ『絶滅宣言を聞く』」というタイトルで、研究者やナチュラリストへのインタビュー連載企画を組んでいる。

九月二日の第三回目には、土佐清水市を中心に三〇年以上にわたって、高知県の足摺《あしずり》公園事務所長も務めた故高屋勉さんのインタビューが掲載されている。この中で高屋さんは、「絶滅種にしたことは果たして正しかったろうかね。僕は絶滅したんじゃのうて、〝自然保護の物好き〟がおらんなっただけやと思いゆう。詳しい調査をできるもんがおらんなった、と。九六年に、県の調査で見つからざった言うけど、僕が清水で調査したら、足跡もフンもあるんじゃけんね。僕が病気で調査できんなる九八年ごろまでは、清水に行けば、二回に一回は足跡やフンを見つけられた」と強調している。

高屋さんは、いなくなったのは、カワウソではなく探す人、と言いたいようだ。データの扱いについてもこういった点を考慮すれば、見方が全然違ってくるはずだ。少なくとも折れ線グラフを見て「いなくなった」という前に、これらの地元フィールドワーカーのデータの再検討や実地調査が必要だったはずだ。「いないとは言い切れない」それが理由だ。高屋さんの残したカワウソの資料は現在、のいち動物園に保管されて、調査に役立てられる日を待っている。

——痕跡の有無の判断は主観に左右される

「妥当な判断でしょう」

先の高知新聞のインタビュー連載の第一回目で、対馬のカワウソについて「復活」と提唱した筑紫女学園大学教授の佐々木浩さんは、絶滅宣言についてそう冒頭で述べ、理由としてやはり痕跡が見つからないことを挙げている。

佐々木さんは一九九〇年から五年間、高知県が委託した九州大学の研究者グループの一員として、当時イタチ科動物の専門家という立ち場で、高知大学の町田吉彦さんとともに生息状況の調査に加わっている。

佐々木さんの記録では、九二年三月の調査は約二〇日間にわたって、県西南部の海岸や河川を専門家や県職員らが、延べ七四キロ踏査している。このときの調査については、佐々木さんにぼくも直接聞いている。

「今まで調査した地域と比べて、四国の調査では同じような密度はない。むなしかったなあ。歩いても歩いても、（痕跡が）ない」

それが韓国や東南アジアでもカワウソを調査してきた佐々木さんの実感だった。四国での絶滅が根拠づけられる理由に、韓国など、生息状況が把握できている地域と比べてあまりにも、痕跡も含めた生息情報がないことを、複数の専門家やナチュラリストから聞いた。しかし、同じく韓国での調査に参加したことのある町田さんは、それを絶滅したという根拠にはしていなかった。

佐々木さんは、ぼくが土井さんたちの目撃情報について口にしても、「数頭いればフンが見つかるから、四国で見つけたというのはまずありえない」と否定した。カワウソは河川や海岸など、線で動く動物なので、いれば痕跡があるというのは、後に触れるように、実際に韓国での調査に参加したぼくも理解した。

ぼくの目から見ても、国内での痕跡情報に触れる機会というのは、各段に少ないどころか、まずない。あったとしたら大発見なのだけど、それが実際にカワウソのものと断定できるほどの鑑識眼は、このころぼくにもなかった。

かといってぼくが国内での生息について絶望視しないのは、実際に目撃情報を寄せてくれた人に直接会って現地に足を運び、自分が見られなくてもいるかもしれないという実感を深めたからだ。どちらかというとそれは動物への関心というよりは、未確認生物への興味関心だったかもしれない。

しかし海外など、カワウソの観察や調査が曲りなりにも可能な地域で実際に実物や痕跡を見た研究者は、興味本位のジャーナリストや、とりわけカワウソに愛情のある探検家ではない。彼らにとってみれば、国内でいくら歩いても何も見つからないのに、海外に行けば成果が上がるのだから、フィールドを海外に移すのは自然な流れだ。成果が上がらなければ研究者としての実績につながらない。そしてそこで成果が上がれば、「日本国内にいない」と言うようになるまでのハードルは高くない。

ただし、土井さんたちが目撃した大月の海岸でいっしょに調査をした、岡山県のナチュラリストの青山郷《ごう》さんは、現在国内で生き残っている個体があれば、それはとりわけ慎重で人間生活との触れ合いを避けてきた個体や、その子孫であるかもしれないということも指摘した。そうであれば、目撃や痕跡の情報が極端に少ないのは、個体数の少なさとともに不自然ではない。

そして、かつてのカワウソの生息地域の四国西南部では、他地域同様、過疎化は進んでいて人間生活は後退していき、逆に野生動物の活動地域は広がっている。そんなときに土井さんたちの前に現れた個体は、むしろ釣りをしていた土井さんたちへの興味を示していたように見える。野生動物と人間生活の活動の均衡が崩れた現在、土井さんたちや対馬でのカワウソ情報が寄せられた。そう考えると、環境省の絶滅宣言はそういった時代に、人間の野生動物への無関心を象徴する出来事のようにも感じられる。

――ほかの地域にはいないのか？

ところで、百歩譲って、仮に高知県、愛媛県にカワウソがいなくなったとして、「だから絶滅した」と言ってしまっていいのだろうか。これについては、すでに他地域では絶滅していて、最後の生息地が高知県と愛媛県であったという前提がある。

高知県と愛媛県が「最後の生息地」とされたのは、まず愛媛県でカワウソの生息についての情報提供が呼びかけられ、その後調査と保護がなされたのがきっかけだ。その動きは高知県でも同じように繰り返された。しかし他地域で同じようになされなかったのは、誰も情報提供を呼びかけず、確実な生息情報（写真や死体）がなく、したがって行政も動かず、調べられなかったからに過ぎないと思う。だから、別の地域で調べる熱意のある人が出てくればいないとは限らない。対馬でカワウソが見つかったのだから、その可能性は大いにある。

実際に、一九六五年に特別天然記念物にカワウソが指定された三年後の六八年、宮崎県延岡市の郷土史家の佐藤忠郎氏は、日豊本線の鉄橋の上からのんびりと泳ぐカワウソを視認し、その後、この地域のカワウソ情報を発掘した。その成果をもって一九七四年には四国から「幡多の自然を守る会」の辻康雄氏を招聘して、調査を行っている。

この情報は、ぼくが国立国会図書館で検索したとき、佐藤氏の『よろず聞きがき　郷土の地名雑録』という本がヒットしたため発掘したもので、その後、延岡地域での生息情報の収集につながった。しかし、カワウソ調査に関係した人たちに聞いても、誰一人この地域の情報について知っている人はいなかった。佐藤氏の調査は行政を動かすまでには至っておらず、他地域に情報が伝わらなかったのだろう。

また、環境省がレッドリストでニホンカワウソを絶滅種としても、文部科学省（旧文部省）は、「カワウソ」を特別天然記念物に指定したままだ。対馬でカワウソが発見されたとき、特別天然記念物として保護すべきではないのかと佐々木さんに聞くと、「指定したときのカワウソでないと。その当時は四国にしかいなかったから、対馬のものは別系統」と否定的だった。

しかし、そもそも特別天然記念物に指定したときに、愛媛県と高知県以外の地域のカワウソ生息について、両県でなされたような調査がされたわけではない。特別天然記念物のカワウソの項を見ると、「地域を定めず（主な生息地：高知県、愛媛県）」となっていて、生息地を限定しているわけでもない。

そうすると、例えば対馬でカワウソがカメラに映ったとき、高知と愛媛以外にいたはずがないから、「韓国から漂流してきた」「復活した」と考えるのは、先入観に自縄自縛になっているような気がする。この考えを深めたのは、もう一つのカワウソ生息県、徳島県でのケースである。

──徳島カワウソひき逃げ事件

徳島県は、環境省のレッドリストの絶滅指定に対し、愛媛県、高知県とともに、カワウソを絶滅危惧種にしたまま、つまり「いる派」の三県のうちの一つだ。というのも、一九七七年の一二月二三日に、県内小松川市の那賀《なか》川脇の路上で一頭のカワウソの死体が発見されたからだ。

徳島県については、戦後、死体などの確度の高い情報はまったくなかった。それでこのカワウソのほかにもカワウソがいるのか、発見された那賀川を中心に、徳島県教育委員会が緊急調査を行なった。しかし生息状況の確認には至っていない。

そこで元東京農大教授の安藤元一さんは、この個体について、一〇カ月前の一九七七年二月に室戸岬で一個体が撮影されて新聞記事にもなったことに目をつけて、もともと生息地とされた高知県西部から放浪個体が途中室戸岬に立ち寄って（新聞記者に撮影され）、さらに徳島県まで移動して車にひかれて発見されたというストーリーを考えた。

「上流からエレキモーターで下りてきて、水の中から顔を出しました。二メートルくらい先です。一人でバス釣りをしていました。四メートルのボートの先端に乗っていて、操作は足でしていた。そいつはオールバックで髭はアザラシっぽく両側に生えていて、顔立ちが鋭い。怖かったですね。イタチは見慣れていたので、スマホでイタチが泳ぐのかその場で調べたら、カワウソの画像と一致した。カワウソが絶滅しているのは知らなくて、嫁に電話をして『絶滅しているらしい』というと『そうなんや』という。顔の下側が白っぽくて尻尾が長かった気がします」

高速バスの運転手をしている結城諒《りょう》さんがその動物を見かけたのは、二年ほど前というから、二〇一九年の一〇〜一一月のことだったと思われる。午前一〇時くらいでその日は薄曇りだった。そこは、旧吉野川の支流第二大谷川の、旧吉野川との合流点から少し入ったところ。右岸に水門を持つ別の支流がさらに合流する地点だ。ぼくたちが現場検証のために二〇二一年三月三日に訪問したときは、この水門は空いていた。周囲は松が茂り、レンコン畑が広がる。

結城諒さんが目撃した地点は、対岸近くの砂州付近

その日その動物は、結城さんの目の前で身体を反転させ、背中と尻尾を見せて水門のほうに潜って消えた。ぼくたちが訪問したときは水は茶濁していた。その日は「もっと水がクリアで緑がかっていた」という。両岸はコンクリートで護岸されている。結城さんが見かけた川の中ほどに中州が見える。

「中州の辺りには無茶苦茶魚がいます。岸付近は水草が生えていて小魚が潜んでいる。ムツゴがたくさんいて、イナッコ（ボラの稚魚）が入ってきて飛び跳ねて逃げていた。キチヌやシーバス（スズキ）とか、とにかく魚が多いところです」

近くに水門の管理施設がある。手長エビもいるという。結城さんのボート釣りの経験は五〜六年ほどで、自前のボートで休みの度に釣りにやってきていて、この日の遭遇に至った。水路から上がった道路の脇に、乾燥したイヌのフンほどの動物のフンがあり、内容物が魚の骨など魚介類だった。「もしかしてカワウソ？」とぼく自身がフンを拾ってＤＮＡ鑑定に出すと、ハツカネズミとの結果だった。ノネコも結果に出てきたので、ハツカネズミを食べたノネコのフンかもしれない。やはり、いきなりそんなうまい話はない。

結城さんは一年前に現在の高速バスの会社に転職し、会社で話が広がったという。その会社が土井さんと坂本さんの勤める会社だった。高知の営業所に結城さんが来て、「こっちでカワウソ探していると聞いたんですけど」と話しかけると、「それはおれや」と坂本さんが名乗り出た。

土井さんは高速バスの運転で徳島を通る度に、「旧吉野川辺りは昔の自然環境が残っていていてもおかしくない」と思っていたという。しかし、実際の目撃情報はこれが初めてだった。現場で聞くと結城さんの話には信憑性があり、那賀川の情報も併せて、徳島県に広くカワウソが分布してきたのではと思えてくる。

結城さんと現場検証した翌日の三月四日、土井さんといっしょに今度は室戸岬を訪問した。絶滅宣言後、これまで情報のなかった高知平野からの情報があったと成川さんには聞いていた。高知市内から平野の広がる農地が続き、農業用の水路が発達しているのは、旧吉野川の現場周辺や、那賀川で死体が見つかった周辺とよく似ていた。

途中、一九七七年に室戸岬に現れたカワウソの撮影に成功した元高知新聞記者の森下歆《のぼる》さんと携帯で連絡がついた。

「最初釣り人が見かけたのを読売が先に記事にした。それで岩場に行ったらいたけど写真は撮れなかった。はじめは岬の東側で、次に西で見かけるようになって朝張り込んで撮影に成功した。魚と貝の匂いがした。ピントは甘かったけど共同通信が全国に配信した」

こちらが聞くでもなく、「それが徳島のものだったかははっきりしません。もしかしたらそれだったのかもしれない」と森下さんはつぶやいた。放浪個体説は浸透している。

室戸岬は有名な観光地だ。それでも、森下さんが撮影に成功して記事に書いた岬付近の湧水地には、今も手長エビの姿が見えた。岬周辺には淡水の池も散在し、観光客がいなければカワウソにとっては居心地が悪くないかもしれない。

徳島の個体については、環境省の絶滅宣言後、「まだ絶滅していない」という成川さんの主張が、NHKの全国放送でも取り上げられた。すると徳島県から電話が入り、その経緯を成川さんが自身のブログで二〇一七年九月二六日に記事にしている。

「徳島県最後のカワウソは、一九七七年一二月二三日に交通事故で死んだものです。私の友

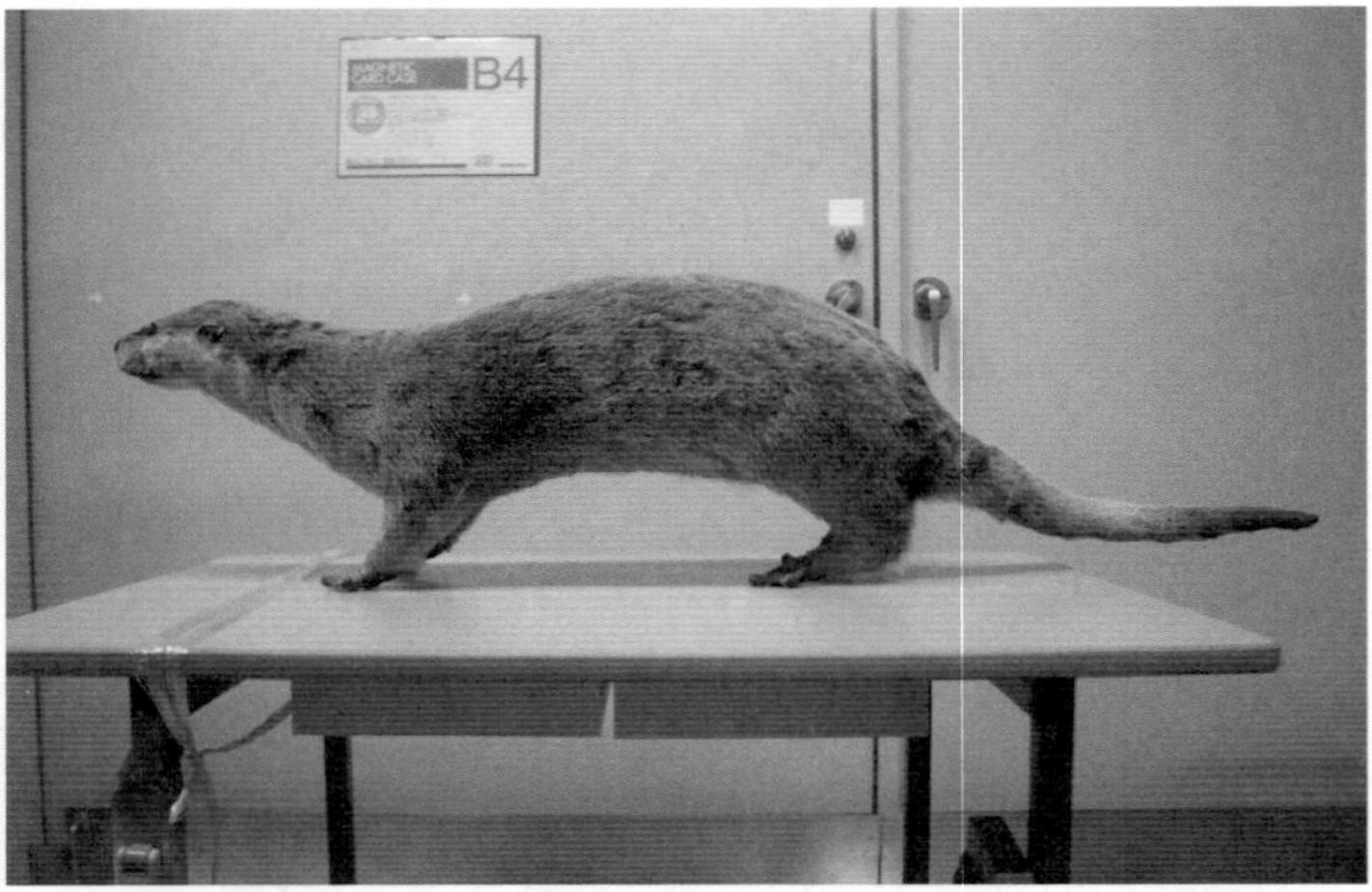
1977年、徳島県で車にひかれて死んだニホンカワウソの剥製（徳島県立博物館所蔵）

人が、川土手の工事をしていて、穴から跳び出してきたカワウソを素手で捕まえ、一週間ほど自宅で飼っていたのです。エサを食べないので、だんだん弱ってきて、手に負えなくなり、動物園に運ぼうとしました。ドンゴロスの袋に入れて助手席に置いたそうです。しかし、動物園に着く前に、異臭が漂ってきました。（これは死んだな）と思って、運転席から外に投げ捨てたそうです。交通事故の現場は、そこから五〇〇メートルほど離れた場所でした。カワウソは死んでなかったんですね」

この情報については成川さんも「突っ込みどころ満載」と感想を書いていた。あらためて成川さんに、情報提供者の名前も含めて信憑性を問い合わせた。

「放送直後に電話がかかりました。友人の話として語っていましたが、非常に詳しかったので、実は、本人の経験談ではなかったか、と考えています。『その剥製が展示されている徳島県立博物館に、その事情を話しに行ったが、相手にされなかった』とこぼしていました。私は、信憑性は非常に高い、と考えています。名前や連絡先については、記憶がありません」

成川さんの記事だと、このカワウソは徳島県産のものとしてもおかしくないとぼくは考えた。でも、顛末を教えてくれた成川さんは、この個体については室戸の個体が移動してきたとやはり考えていた。徳島の生息情報がこれ以外にないという前提なら、こういう想定も仕方ないと思う。だけど、吉野川の現場検証を終えた後では、室戸の個体が放浪して徳島で偶然交通事故に遭って発見されるという想定が、今度は滑稽に思えてくる。こういった経験もあって、愛媛、高知以外の地域であっても、「いないとは言い切れない」という考えをぼくは強めていった。

——減少の要因　捕獲と開発

二〇一二年のカワウソ絶滅宣言が異例に早く出されたその根拠について、試しに反論してみた。だけど結局は、「野生動物保護のためのレッドリスト」の趣旨に反して基準を適用したという点に尽きると思う。

安藤元一さんに「再導入」の是非について直接質問したとき、「再導入は自然保護の一手法」と強調していた。実際に、トキの放鳥や、かつてライチョウのいた中央アルプスに、現在乗鞍岳からライチョウの「再導入」が進められているのを見ると、安藤さんの意見もわからないでもない。しかし、それと実際にいなくなっているかどうかの判断は別のはずだ。現に、環境省が「いない」と言っても、四国三県は「いる」としたままで、判断を変えないままだ。「いる」んだから再導入にもならない。

一方で、愛媛県、高知県のカワウソが減少していったのは事実であり、その要因が解明されなければ、仮に同じ種類のカワウソを再導入したとして、生き残るのは難しい。逆に言えば、今現在生き残っているとすれば、むしろ厳しい減少要因をどの程度カワウソがクリアできたかという観点から、そういった要因を検討する意味は出てくる。

安藤さんの著書『ニホンカワウソ』では、四国におけるカワウソ減少の諸要因を様々に挙げている。動物学者の今泉吉晴氏がまとめたカワウソ分布の変遷地図が掲載され、一九五〇年代は、香川県から瀬戸内海、四国南西部を経て新荘川までの海岸で分布していたのが、一九六四年には愛媛県から新荘川まで、一九七三年には宿毛湾から中村市付近までに生息域が小さくなっている。

安藤さんが挙げた減少の諸要因を大きく分ければ、①直接的な捕獲（乱獲）・事故死、②開発などに伴う生息環境の破壊、③農薬や海洋汚染などによる生息環境の悪化、そして最後に④保護の失敗、が挙げられる。

一瞥してわかるのは、これらはすべて人間が原因を作っているということだ。カワウソは水辺の生態系の頂点にいる動物なので、人間が天敵でその活動が大きな減少要因だ。成川さんはカワウソ減少の理由について「富国強兵」という言葉を使っていた。北方への戦争のための防寒着に毛皮の需要が高まれば、カワウソは高級品として狩猟圧が高まるし、戦後は国内の自然を攻撃することで経済を活性化させることを繰り返していた。だからもはや経済成長の見込みが立たない時期に、再発見と絶滅宣言が同時に出るのは、何を反省するかという点のやはり分岐点になる。

話が先走りすぎた。

安藤さんの『ニホンカワウソ』ではこれらの要因を列挙しているものの、各項目で「調べられていない」「不明である」「おそらく」という言葉が散見できる。もちろん複合的な要素があって、こういった要因がどの程度カワウソの生息にダメージを与えたかについては、ぼくは安藤さん同様、客観的なことを言える材料を持ち合わせていない。

実際、捕獲数の統計もあり、戦前から毛皮や漢方薬目的の狩猟圧の高かったカワウソは、早くも一九二八年には狩猟獣から除外されている。人間による直接捕獲は、温暖な四国にカワウソの生息が後年まで確認できることを考えると、カワウソ減少の直接的な要因だ。密漁も続いたろうけど、愛媛・高知両県では、狩猟圧のみでカワウソが完全にいなくなったわけではなかった。

実際その後、愛媛県では清水栄盛氏のカワウソキャンペーンの末に再発見、調査・保護の流れになる。一方、こういったキャンペーンが行われたのは、やはり愛媛県と高知県に限定され、それ以外の地域での生息については今もって闇の中だ。調査や保護活動が、それでなくても減っていたカワウソの個体数に影響を与えたというのが事実なら、元道後動物園職員の宮内康典さんがいうように「放っておく」というのも一つの考えにも思える。しかし繰り返すけど、一頭、二頭といった減少の影響は推測できても、全体像はやはり把握できない。

今日の目から見て想像しやすいのは開発の影響だ。愛媛県最後の個体が発見された宇和島市の九島に、現在の状況を見るために訪問したことがある。島まで橋がかかり、車で乗り入れると、島の周囲をめぐる道路は、コンクリートの外壁で縁取られている。壁の外には岩が折り重なった磯らしい部分もところどころあるものの、野生動物が海から島に入るのは苦労するだろうなと想像はついた。こうなってしまえば、カワウソの繁殖環境は確実に奪われるだろう。

高知県側から四国を八幡浜《やわたはま》方面に車で移動すると、特に愛媛県側は、こういった海沿いの道路や護岸が整備されつくしているというのがわかる。宮内康典さんは二〇一八年の電話インタビューで当時の様子をこう語っている。

「昭和三〇年ごろ、四国南西部に一〇〇頭ぐらいいると言われていたのが、私が昭和四〇年に御荘町（現在、高知県との県境の愛南町）に赴任したときには、そのころの発表で二四頭という数字が挙げられています。

宇和島から御荘に至る国道五六号線とそのアクセス道路がその一〇年で整備されています。カワウソは開発で繁殖が困難になり沖に逃げることになる。ところがそのころ、磯釣りがはじまって、四〇センチのブリが上がったりしていた。渡船業が流行って、磯という磯には釣り客が鈴なりになっていた。真珠養殖やハマチの養殖もはじまる。三つが同時にはじまった」

港湾整備や埋め立てのためには、岩石・砂利の採取が必要になり、そのために磯の岩石が持ち去られ、磯は消滅していった。一九七〇年代の高知では重油汚染などもあって、カワウソの生活環境は悪化していっただろう。ただし、宮内さんは今もカワウソはいると思っている。

「松山を流れる重信川《しげのぶ》にはカワウソはいて当たり前で、支流の三反地川《さんたんだ》はモズクカニ、イワカニがものすごく取れて、子どもはカニとりをお小遣いにしていたくらいです。そこに雨が降りそうなときにいくとしょっちゅうカワウソがいた。だけど、カメラは高価だったから撮影はできなかった。

昭和三九年（一九六四年）に東京オリンピックが開かれます。昭和三〇年代後半は、好景気や車社会が到来して、道を広げて暗渠やコンクリートの水路が張り巡らされる。その後、目撃情報はなくなった。だけど今もいる。二〇〇メートル先に重信川があるのにいないはずない。エサがないから絶滅だ、なんてことはない」

宮内さんはカワウソは淡水がなくても生活でき、「どの無人島でも生活できる」と考えていた。「宇和島の深浦湾の漁師が言っていました。朝の四時ごろ漁に行くと、カワウソがドボンと海に入る。船の上で夜の間休んで、明けてきたらねぐらで休んでいたのでは」というのが、その根拠の一つだ。

同じころの一九六二年から七〇年代にかけて、愛媛県は「南予レクリエーション構想」を展開し、今でも観光道路やプール、駐車場など当時大がかりに建設された観光施設を見ることができる。海水と淡水が入り混じるラグーン（潟湖）は生き物が豊富で、カワウソが好んでやってくる場所だと言われる。以前からカワウソの住処として知られていた須ノ川のラグーンはこのときキャンプ場にされ、行ってみると湖の周囲はコンクリートの整備が行き届いていた。ただし、周囲の林にはカニがうごめいていた。

二〇一九年にぼくは韓国でのカワウソの調査に実際に行ってみた。カワウソは河川敷に駐車場が整備され、繁華な街の中を流れる川の、切り石で整備された飛び石の上にフンを残していた。食べるものがあれば一時的に住処を追われても、やがて戻ってきてカワウソが生きていけるということは想像できた。

それに、愛媛県側でも国道五六号線を外れれば、人が近寄りがたい海沿いの地形は多くあるし、愛南から宿毛《すくも》にかけての海岸をドライブすると、磯ははるか下に見える。そして大月町は、過去のカワウソの調査でも対象外なのか、さほど念入りに調べられていなかったことがわかっている。ここから土佐清水の海岸にかけては、険しい磯や小さな浜が交代で続く。トンネルが整備されたおかげで、海岸沿いの旧道は人気がなくなったところもある。

土井さんたちの目撃ポイント周辺では、釣り人も多くみられるし、潮が引いたときに海岸沿いを歩くと、こんなところまでというところにも釣り人の姿が見られたのは事実だ。しかし今は人を気にすることもなくカワウソが休むことができそうな場所も見られる。

土井さんたちが赤外線カメラで撮影に成功したポイントの一つは、近くの民家でイヌを飼っていて、近づくと何度も吠えられた。近年ではイヌの放し飼いもなくなったので、カワウソにとっては人間生活の後退と同様、一時期よりは暮らしやすくなっているだろう。

――薬剤散布とカワウソの激減

カワウソの取材をはじめて毎年のように四国を訪問するようになった。だけどもう一つ取材の目的があった。それは林野庁が国有林野内に散布、後に埋設投棄したダイオキシン入りの枯葉剤の現地調査のためだ。様々な要因の中で唯一、ぼくがカワウソ激減との関連性をある程度推測できるのがこれだ。

林野庁の枯葉剤散布とは、一九七〇年前後、林野庁が全国の国有林に2、4、5―T剤（以下、245T）という、ベトナム戦争で米軍が使用した枯葉剤の成分となる薬剤を散布していた問題で、245Tには猛毒のダイオキシンが含まれている。カワウソの絶滅宣言について、二〇一三年に「世界」で取材をはじめたときに、担当編集者が、『真相　日本の枯葉剤』（原田和明著）という本に、245Tが大量に散布されていた一九七〇年前後に、四国でニホンカワウソの生息を示す足跡、食べ残しのエサ、巣などの発見報告（いわゆるカワウソ情報）が途絶えたという記述があると教えてもらった。

この時期には、漁網・たて網・磯たて網にかかって捕獲・死亡した個体が目立つ。『ニホンカワウソやーい！』を見ると、六七年から七〇年にかけて、高知・愛媛両県で、漁網・たて網・磯たて網にかかって捕獲・死亡した個体が一三頭いることがわかる。清水栄盛氏は、一九七〇年に宇和海沿岸の小中学校に、目撃情報のアンケート調査をすると、二三カ所で近年姿を消しているのがわかった。愛媛県の捕獲数は、『ニホンカワウソ』(安藤元一著)にある今泉吉晴氏がまとめた地区別カワウソ報告件数を見ると、一九七〇年には、前二年が一件だったのが、五件になり翌年も三件報告されている。この時期はカワウソ受難の最盛期だったようだ。

二四五Tの使用は一九七〇年に北海道大学医学部の調査で発覚している。翌七一年四月にベトナムでの枯葉作戦が中止になると、林野庁も同年四月に使用中止を指示した。林野庁長官は、残余の薬剤を一時保管するように指示した後、同年一一月に国有林野内に埋めるよう通達を出した。

ベトナム戦争が進行していた同じ時期、林野庁は一九六二年に国有林に対し、枯葉剤生産時にできる副産物である塩素酸ソーダを中心とする除草剤を散布しはじめた。福岡県の大牟田市にある三井東圧化学が二四五Tを生産しはじめると、林野庁も消費しはじめた。その量は、塩素酸ソーダが五万四〇〇〇ヘクタール、五二八〇トン、二四五Tも一万九二〇〇ヘクタール、五七〇トン。そして残余の薬剤は、国有林内一七道県、五四カ所に埋められ、大部分が今もそのままになっている。著者の原田さんによると、アメリカのベトナム枯葉作戦の一画を担っていた日本は、在庫調整(二四五T)と産廃処理(塩素酸ソーダ)のために、国有林内に除草剤として撒いたという。

林野庁の枯葉作戦が進行中の一九七〇年には、佐田岬半島と宇和島と愛南町の間の由良《ゆら》半島で孤立したカワウソのグループが見つかっている。清水氏は、密猟がなくなり保護政策が周知して、宇和海の生息頭数が増え、今度は親離れした子カワウソが前からいたカワウソと争わないといけなくなり、新たな生息地を求めてさまよっていると考えた。六〇年代に入ってからナイロン網が登場し、小さな湾を横切って仕掛けるたて網による溺死が目立つようになっている。ただ、六七〜七〇年の四年間を再度見ると、磯たて網にかかったカワウソのほかに、斃死体が三体ある。

ところで、ぼく自身が韓国での調査に参加した限り（第6章参照）、カワウソが縄張りをめぐって争うというのは、本当にあるのだろうかと疑問に感じる。韓国で見る限り、一カ所の堰堤で複数頭のカワウソが同時にいることはあったし、場所の出入りもあったものの、生存競争のために縄張り争いをしているようには見えなかった。もちろん、現在生息数が一定程度確認され増えているとも言われる韓国と、個体数が減少している時期の日本の状況を単純には比較することはできない。

ただ、一〇日ほどカワウソの観察をして皆でカワウソの動きを突き合わせた限り、カワウソにほかの個体を排除するような排他的な縄張りがあるとは思えなかった。エサ場に向かって一目散に川を移動する姿を何度か見かけたこともある。

一方、埋設投棄された二四五T剤の現場検証を原田さんと進める過程で、二四五T散布の影響を地元の人からも聞くことになった。「笹殺し」という異名を持つこの除草剤は、強力すぎて杉にも影響を与えることがあったという。野生動物のタヌキやウサギが散布の時期に死んだ、というような聞き取りもした。宮崎県の市民団体は埋設枯葉剤の問題に取り組み、二〇〇〇年に報告書をまとめている。その中では枯葉剤散布に従事した林野庁職員一〇人の中で、肝臓ガン、肝臓機能障害、肺ガンで死亡した人が七人になるとの記載がある。

散布による直接的なカワウソへの影響を推し量ることは可能だ。宮本春樹さんは『ニホンカワウソの記録』で、一九七二年から一九七五年までの南予のカワウソの確認個体をまとめている。それを見ると、幼獣の衰弱個体の記録が多い。毒物が河川に流れ込み魚が大量死すれば、それを食べるカワウソへの影響だけでなく、食糧不足から生息環境は急激に悪化しただろう。この時期のカワウソがフラフラになって人前に出てきたのもわからないでもない。

またカワウソは「川ウソ」と言われるように河川も生息地としている動物だ。しかし愛媛県にせよ高知県にせよ、減少した時期の確認情報は海岸部分に集中している。これらも、除草剤による河川環境の悪化やエサの不足によって生息地を海岸部に求めた、あるいは海岸部のカワウソが、河川部のものよりも後年に至るまで比較的多く生き残った、ということで説明できる気もする。

愛媛県では四カ所、高知県では六ケ所に、林野庁は現在も二四五T剤を埋設している。高知市内の居酒屋でこの話を出すと、「上からの命令に従わないで現場職員が散布しなかった残りを、事業所が引き上げるときに敷地内に埋めたんだ」という話を偶然客の一人から聞く機会があった。その話の真偽は不明だ。しかし実際、土佐清水市では林野庁の以前の敷地の傍の竹林の中に、枯葉剤が埋まっている小山があった。そこはカワウソの生息地の一つだった大岐《おおき》の浜の近くだ。

高知県は全国一人工林比率の多い植林県なので、枯葉剤散布の影響は大きかったと思われる。しかし、実際には七〇年以降もカワウソの生息情報が最後まで確認されるのは愛媛県ではなく高知県だ。埋設個所は高知県のほうが多い。こういった現場職員の反対や対応の違いが散布のあり方に影響を与えた可能性はある。いずれにしても想像の範囲だ。しかし影響は無視できないものだったとぼくは考える。

安藤さんも減少の諸要因の一つに「農薬の大量使用」という項を設け、戦後から盛んになったミカン生産における農薬の大量使用について紹介し、愛媛県と高知県で一九七〇年代後半までに農薬使用量が急速に増加していることも言及されてはいる。しかし、枯葉剤の散布については触れられていない。枯葉剤に限らず、人間が開発した農薬は野生動植物の生息に少なからず打撃を与えただろう。「人類が生み出した最強の毒物」の散布による、水辺の食物連鎖の頂点の動物に与えた影響は、大きかったと想像している。

――保護の失敗

安藤さんの『ニホンカワウソ』を読むと、「調査が滅ぼした?カワウソ」という小見出しがあったりして、カワウソを探しに度々高知に行く身としてはドキッとする。

カワウソの調査・保護と生態の解明は同時並行で進められた。愛媛県では道後動物園で一九六二年から、御荘町のカワウソ村で一九六六年にニホンカワウソの飼育が試みられたものの、繁殖には至っておらず、カワウソ村からはカワウソが逃げ出した。

こういった保護の方法に県の教育委員会(博物館)や文部省も批判的だったようだ。しかし実際にしたことは、調査以外では、天然記念物指定やそれに伴う保護区の設定以上のことはあまりなかったようだ。そしてこれらがカワウソの減少の歯止めになったかは不明だ。漁民や建設業者は漁や事業を規制される懸念からカワウソがいても押し黙ると、今日においてまで耳にすることはあり、正確な生息情報を把握することは難しかっただろう。

高知での調査がはじまったのは、一九七〇年代からで、当時の動物雑誌「アニマ」（一九七五年、二四号）を読むと、愛媛県の関係者と、幡多の自然を守る会や東京の国立科学博物館の関係者が参加した一九七二年の調査では、足並みの乱れや主導権争いで分裂している様子が収録されている。


「（今泉）吉晴さんと学生のときに高知にいっしょに調査に行った。テント暮らしで、暑くて臭くてフナムシが噛むんだ」

元東京農大教授の安藤元一さんは当時参加した調査の様子を思い返す。今泉吉晴氏は、動物学者の今泉吉典氏の息子で、『ざんねんないきもの事典』で脚光を浴びた動物学者の今泉忠明氏の兄だ。先の一九七二年五月の調査に参加し、その後同年に一〜二週間の調査を四回行い、延べ四〇日の調査と一地点、米浦での観察記録をつけた。その詳細な記録を「アニマ」（一九七三年、二月号）に掲載し、忠明氏は県内の大月町でカワウソの撮影にも成功している。安藤さんが参加したのはこの調査のどこかだろう。

「一頭いれば、水場にフンがある。定着していてフンがないということはない。何日かおきにフンがあるのを調べた。フンや匂いや形を見ればわかるし、わかりやすいところにある。一頭でもあればサインポストがある。だから目撃情報は眉唾」

当時の経験を踏まえてのそれが安藤さんの生存説否定の根拠だった。高知での調査をいつまでしたのか聞くと「八〇年までで、その後はいなくなった。だから現地で調べていない。日本の教訓を韓国で生かせないかと九〇年代から韓国をメインフィールドにした」という。

「九〇年代に韓国で調査をしなかったら、今の保護体制はできていなかった。種は撒いた。韓国ではカワウソは哺乳類の中で一番わかっているものです。私は野生のニホンカワウソを見た最後の世代ですから……」

安藤さんの主張が絶滅宣言を主導し、その後の「再導入」への道筋をつけた。「IUCNの保全のやり方の一つの形態、あり方。人間の手で失ったものは人間の手で取り戻す。同じものを再導入するのは人の責務」というのが安藤さんの考えだった。

そして、九〇年代に調査の主導的な役割を果たしていくのは、高知大学の町田吉彦さんだった。

この時期になると、保護というより、むしろ生き残ったカワウソを見つけること自体に多大なエネルギーを費やすことになっている。町田さんの調査も、テレビ局とタイアップして最新の撮影装置を設置したり、給餌をしたり、タクシー運転手に使い捨てカメラを渡したりと、マスコミを動員した話題作りでカワウソへの関心を高め、公開捜査で情報を得るという点にも力点が置かれていた。

しかし、一九七七年の室戸岬や徳島県小松島市での確認や、絶滅宣言にあたって成川さんのもとに寄せられた鏡川や高知平野での情報、今日まで続く仁淀川での比較的まとまった情報などを検討すると、これらの情報は、見間違いや放浪個体として生存情報の例外とするよりは、見方を変えれば調査の及ばない地域が多々あったことの証拠のように思えてくる。実際に寄せられた情報のすべてが生存情報とは言えないまでも、意外としぶとく生き残っていたととらえることはできるのではないか。

――「カワウソのまち」の今

町田さんと二〇一三年にまだ寒い新荘川に立ち寄ったとき、ほんとうにここにカワウソがいたのかと思うほど流れが貧弱に見えた。「私が高知に来た三〇年ほど前は、川の中に立って頭上に手を伸ばしてもまだ水面に手が届かなかった。潜ると川底からうなぎがたくさん顔を出した」という町田さんの言葉がうそのようだ。

冬場には川底が露出して流れが途絶える瀬切れという現象があちこちで見られるという。「カワウソのまち」をアピールしてきた須崎市だが、団地のようにビニールハウスが並ぶ。工業用、農業用の水を川からくみ上げる。

カワウソは水辺の食物連鎖の頂点に位置する動物だ。自然環境の劣化の影響を真っ先に受ける。したがって、様々な環境の悪化が生息に影響を与えただろう。

南国のイメージの強い高知は山国でもある。県土の八四％が森林に覆われ、森林率全国一だ。海沿いの亜熱帯から二〇〇〇メートル近い石鎚山周辺の亜寒帯まで気候の変化は激しく、自然が荒々しい。川はその間を曲がりくねって海に注ぐ。

川沿いの国道は一車線のところが少なくない。ダムがない四万十川が清流と呼ばれるのは、地形が険しくダムが造れなかったことによる。人口は平方キロメートルあたり一〇五人。捕獲圧が他県に比べれば低かっただけでなく、乱暴に言えば、自然条件の厳しさが人を寄せ付けない場所を残し、逆にカワウソが生き残れる環境が残された。

新荘川でも仁淀川でも護岸工事や新しい橋の建設が進む。「国土強靭化」で大義を得たコンクリート建造物の建設は、ますますカワウソの生息環境を狭めていく。

「後出しジャンケンで、なぜ絶滅寸前になったのかは言いたい放題」と町田さんは言う。どのような因果関係があったかは検証されていないし、複雑な生態系の中で検証は難しい。

――ニセモノの自然

仁淀川は二〇一〇年には四万十川を抜いて一級河川としては水質で日本一になった。「え、こんな川が日本一なのか」と成川順さんはそれを聞いて驚いた。「ほかはもっとひどいのかと。支流から生活排水が本流に入ってくるときはコーヒー色。本流でだんだん混ざっておよそ緑色になる」。

全長一二四キロ、流域面積一五六〇平方キロ、流域人口一一万人の川は、高知市民の水源でもある。しかし、中流部には産業廃棄物処理場が建設され、上流部には大渡《おおど》ダムがある。県境をまたいだ仁淀川源流、愛媛県久万《くま》高原町では廃棄物の最終処分場の建設計画がある。新荘川、四万十川の源流の津野町にしても、高レベル放射性廃棄物最終処分場の建設誘致の動きがあった。止まってはいる。しかし高齢化が進む地域で将来のことはわからない。

仁淀川の河口付近で、二〇一三年当時、成川さんは一九年間で一一件のカワウソ目撃情報を把握していた。河口ではシラスウナギを採る青いテントが何張りも見えた。ウナギの養殖のためには稚魚であるシラスを採取する。ニホンウナギは二〇一三年一月、絶滅危惧種にされた。捕獲量はこの時点で最盛期の一三分の一である。汽水・淡水魚類の絶滅危惧種は一四四種から一六七種に増え、評価した約四〇〇種の四割を超えた。ぼくが小さかった三〇年前と比べても上下水道の整備もあって日本の川の水質は全般によくなっていると思う。しかし魚、特に在来種の数は減っている。

「日本の河川は遺伝子的にはメチャクチャ」と町田さんは嘆く。どこの鮎かわからない鮎があちこちの川で毎年放流されている。魚を放流してその魚を下流で釣る。それが漁協の収入になる。漁業券を買った鮎釣り師は本来なら挙げられない釣果を漁協に求める。悪循環だ。

町田さんは「私たちが見ている『自然』はニセの自然です」と強調する。仁淀川の増水・渇水時の水の増減の早さは、話を聞いた人みなが不安に思っていた。山に保水力がないのだ。

このときの取材で、ぼくは仁淀川の下流、四万十川、足摺岬周辺を車で回った。四万十川の上流域を別にすればほかの西日本の地域と同様スギの人工林が多く、高知市内では花粉症のマスクをしている人も目につく。国策に忠実に従った結果、山林の六五％は人工林だ。「本当にカワウソを放つなら山から作りかえないと。一〇〇年はかかるでしょう」。町田さんは言う。

ニホンカワウソは特別天然記念物であるように文化財でもある。カワウソを見たと言えば、いろんな人が来て生息場所が荒らされることにもなる。それで絶滅を早めないようにとあえて口をつぐむ人もいる。証言するにせよしないにせよ、地元にとっては大切な動物なのだ。仁淀川での証言のように、「ポチャン」と音を立てて水に入る動物はカワウソしかいない。遊び好きで人間くさいところがある。

仁淀川は水辺利用率も日本一だ。カワウソと聞けばお年寄りが集まってきて記憶をたどる。そういう思い出話を町田さんはあちこちで拾ってきた。人とのかかわりが土地にまつわる民話も多く残した。ニホンカワウソという種を失うということは、水辺の自然環境の中で育まれてきたそれら文化の豊かさを失うことだと町田さんは強調する。高知の自然を知りたくて調査員を引き受けたのだ。

自然に対する世間の無関心は、カワウソをはじめとした動物たちの生存環境を限りなく厳しくしていった。ある一つの種を途絶えさせておいて、そこで培ってきた自然と文化を取り戻そうとしても無理なのだ。

野生動物が生きられないのに、人間という種だけが自然を享受できるだろうか。

第5章　ニホンカワウソって何だ？

――対馬のカワウソはニホンカワウソじゃない？

「対馬のカワウソがニホンカワウソじゃないというなら、じゃあ『ニホンカワウソ』とは何か」

対馬でのフンのミトコンドリアＤＮＡからカワウソの系統解析をした和久《わく》大介さん（東京農業大学助教、野生動物学研究室）も、誰もが抱くこの疑問を口にした。安藤元一さんに師事してきた若手の研究者だ。

ニホンカワウソは姿を消していきつつも、四国で現在も有力な目撃情報が過去と連続する形である。「絶滅」や減少要因は様々にあっても、どれが原因か特定は困難で、「絶滅宣言」には政治的な要因もある。「宣言」は誤りで、「ニホンカワウソは生きていた」と言いたくなる。その上、対馬でカワウソが現れたことで、このカワウソがニホンカワウソなら文句はないはずなのに、ユーラシアカワウソの遺伝子を持つと言われると、じゃあ「ニホンカワウソは何だ」にやっぱりなる。

その問題に戻ろうとして、遺伝子を調べた当の本人にそう言われると面食らう人も多いのではないか。和久さんが所属する東京農業大学のグループは対馬での調査にも加わり、和久さん自身も学位論文でニホンカワウソの遺伝子解析に取り組んだ。

対馬では琉球大学の調査チームがカワウソの姿を捉え、その後のDNAの調査で対馬に複数のカワウソがいること、それらカワウソの遺伝子が、韓国とサハリンにいるカワウソと近縁であることが明らかになった。その結果に和久さんは、「もともと対馬の動物は大陸よりのものも多く、日本列島系のものもいる。だから逆に遺伝子が日本独自のものだとするとすごく驚いていたでしょう。今回の結果にはやっぱりね」という感想だ。

韓国とサハリンにいるカワウソは、ユーラシア大陸に広く分布するユーラシアカワウソだ。だから対馬のカワウソは「ニホンカワウソではない」というのがよくある意見だ。

その主張を和久さんが疑問視する。というのも「韓国のカワウソの遺伝子とまったく同じかと言えば、極めて近いですが、韓国のカワウソのデータもまだまだですから結論付けるのに十分とは言えません」。

和久さんのグループは、以前、神奈川県の標本個体と高知県大月町で捕獲された標本個体からやはりDNA解析を行ない、神奈川の個体は中国のカワウソと近縁の遺伝子が、つまりユーラシアカワウソの遺伝子が検出された経緯がある。一方、高知の個体の遺伝子は大陸や神奈川の系統とは違う日本固有の系統であるという結果が得られた。

一般に人々が「ニホンカワウソ発見では？」と色めき立つとき、それは日本にしか生息しておらず、絶滅したはずの固有種のカワウソのことを思い描いているだろう。しかし大陸にそこそこいるカワウソならそこまで大騒ぎするほどではない（実際には多くのカワウソが絶滅危惧種だ）。だから、DNA解析の結果から言えば、土井さんたちが見たものも含め、オリジナルな遺伝子を持つ「高知在住」のカワウソなら、正真正銘のニホンカワウソと呼びたくなる。

「哺乳類の分類は形態に基づくので遺伝子で日本固有の系統といっても、それで固有種か固有亜種とするかは結論付けられない」と和久さんは分類学の基本をなぞる。遺伝子上の近縁関係だけで分類が決められるわけではないのだ。

種とは一般には繁殖集団を指す。つまり子孫を残せるかどうかがキーになる。ロバと馬から一代雑種のラバが生まれるように、異なる動物同士が交雑種を生じさせることはままある。しかしさらに二世代目を残せないと種とは言い難い、というのが一般的な種の定義だ。

しかし自然界ではそういった実験はできないので、研究者の間でも種についての統一見解がなかなか得られない。実際「現在シンガポールにいるカワウソは、DNAを調べると互いに別種のコツメカワウソとビロードカワウソのハイブリッド（交雑種）だとわかってきました。孫もいます」と和久さんは言う。DNA解析の手法は、従来の分類の概念自体を揺さぶっているようだ。

――日本産カワウソならニホンカワウソ？

一方で和久さんはこうも疑問符をつける。

「環境省の定義では、ニホンカワウソという呼称は、本州以南のものだけでなく、北海道のカワウソにも用いられています。北海道のカワウソは分類上もユーラシアカワウソの亜種とされてきました。そうなると、ニホンカワウソというのは、日本国内に生活していたカワウソということになります」

実際、環境省は、日本のカワウソについてレッドリストで、「ニホンカワウソ（北海道亜種）」と「ニホンカワウソ（本州以南亜種）」と明記している。環境省が二〇一二年にニホンカワウソを絶滅種にした際には、両地域のカワウソが含まれている。しかし従来「ニホンカワウソ」という和名はあっても、ニホンカワウソが独立種との論文が公表されたのは一九八九年だ。

極端に言えば、環境省が本州以南のカワウソの最後の生息記録とした一九七九年の須崎市の個体は、お役所的には「ニホンカワウソ」でも、ニホンカワウソという種が立証されていない時代の個体なので、分類学上はニホンカワウソではなかった、という話にもなりかねない。

「言葉自体が危うい。『ニホンカワウソ』という言葉にいろんな意味が含まれている」。和久さんが警鐘を鳴らすゆえんだ。

ちなみに、北海道でのカワウソの最後の記録は、一九五五年に斜里町の斜里川水系でマスの密漁網にかかった一頭とされる。一九八九年には、旭川市の神居古潭《かむいこたん》の道路脇でカワウソの交通事故死体が見つかっている。この個体は専門家らによって解剖され、「飼育下にあった個体である」と結論付けられている。学名は本州以南の個体が、固有種かユーラシアカワウソの固有亜種かの論争が生じたのと違って、*Lutra lutra whiteleyi*でユーラシアカワウソの日本固有亜種で変動がない。しかしこれも和久さんが言うように、環境省によれば、「ニホンカワウソ」とされる。

三四年ぶりの確認個体に対して、見た動物が「カワウソっぽいから生きていた」と言っても、それだけでは専門家はなかなか認めないという一例だ。少なくとも、学術的な成果も踏まえて「ニホンカワウソとは何か」についての共通見解がないところでは、対馬のカワウソのように、生息確認そのものが持つ意味がふにゃふにゃと変わってくる。

――「カワウソを見た」人はどう確かめる？

安藤元一さんは、一九九〇年代にカワウソはいなくなったとし、環境省もそれを「絶滅宣言」時に引用している。しかし、ぼくはその後の目撃情報に触れる機会もあり、その頻度はカワウソ同様に絶滅したとされるニホンオオカミを取材していたときより多い。中には信憑性が高いのではと思うものもある。何しろ環境省が最後の生息個体としているカワウソでも一九七九年なのだから、実際見た経験がある人もいる。

研究者や環境行政の担当者には、対馬のカワウソの動画のように、決定的な証拠が挙がるまで、目撃情報に懐疑的な人が少なくない。だけど、「生きている」と言いたいぼくのほうに客観的な評価基準があるかと言えば、なおのことない。

実際にカワウソらしき動物を目撃した人に話を聞くと、専門家と呼ばれる人にアクセスする前に、インターネットでカワウソの画像を見たり、動物園のカワウソや博物館の剥製を見たりして、自分の見た動物が何かを確かめようとしている。

現在、ニホンカワウソの剥製や毛皮、頭骨などの遺存物は、日本各地の博物館や動物園、それに小中学校にある。博物館にあるのはわかるにして、小中学校にあるのは、一九六〇年代〜一九七〇年代前半にかけて、当時生息が確認されていた愛媛県・高知県を中心に、度々死体が海岸周辺で見つかり、交通事故で死んだ個体もいるからだ。カワウソは特別天然記念物なので、見つかれば希少な動物として剥製に変えられた。

また、道後動物園では捕獲されたカワウソが飼われていて、それも剥製や標本になっている。

愛媛県の剥製は、愛媛県総合科学博物館に多くが集められてきた。高知県の場合、博物館的施設が限られていることもあり、環境省の「絶滅宣言」後の二〇一二年一二月、剥製の散逸を危惧した地元の研究者らが、ニホンカワウソの標本状況把握のための調査を行なっている。

──見たらニホンカワウソかわかるのか？

その調査にかかわった谷地森《やちもり》秀二さん（越知町立横倉山自然の森博物館学芸員）に、高知市内の高知未来科学館で会った。ここには四万十川の支流である中筋川《なかすじ》のダム管理庁舎で展示されていたニホンカワウソの標本があり、谷地森さんが未来科学館にそれを移すのにかかわった。

「実際に確認できた剥製は一一体でした。保管状況はいろいろですが、この剥製は虫が食い荒らしたヤマドリの剥製のそばにあり、一番状況が悪かった」と思い返す。

保存ケースの中で館の中央に鎮座した剥製を見て「大きい」と感嘆する。

「サイズは一メートル超、中には一メートル四〇センチになるものもあります。須崎市役所に最大級のニホンカワウソの毛皮が保管されています（頭胴長一〇〇センチ、尾長四五センチ）が、あれを見た人も一様に大きいという。つまり一般の人はカワウソに対してもっと小さいイ

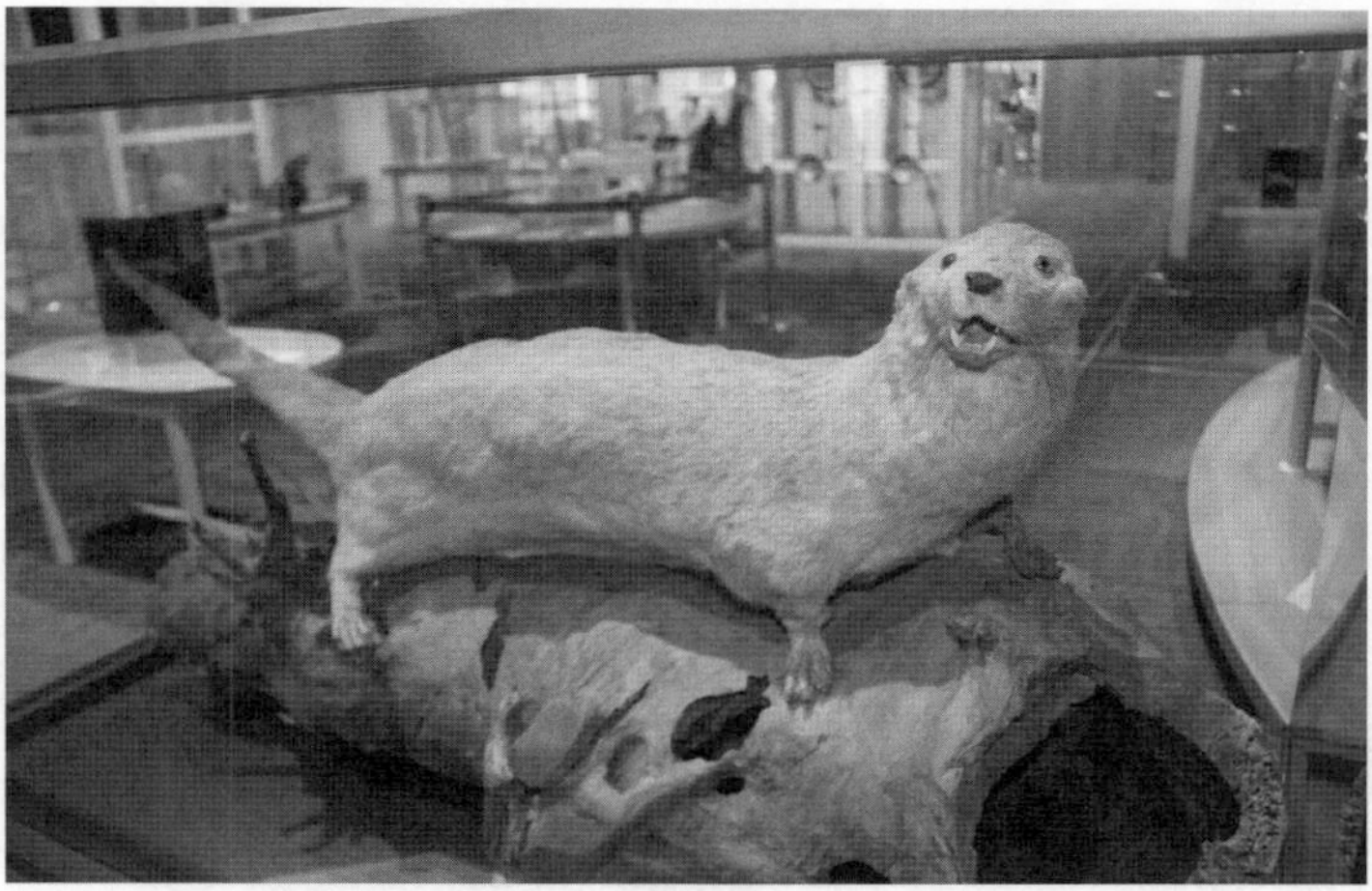

高知未来科学館に展示されているニホンカワウソの剥製

メージを持っている。最近人気の小型のコツメカワウソにイメージが左右されているのでしょう」

谷地森さんが解説する。ガラスケース越しにメジャーで測ると全長一一五センチ、尾長は四八センチある（頭胴長は全長から尾長を引いた数値なので六七センチ。ただし正確な数値は身体を平面に伸ばしたときのものなので参考値程度）。

「私も韓国での調査で、夜間に強力な光を当てて二頭のユーラシアカワウソを見たことがある。とても大きな動物という印象です。体色は背中から脇腹にかけて暗い焦げ茶色をしている。のどからお腹、後ろ足の付け根の股の間まで白か黄色がかった毛で覆われています。この部分と背中の部分との色の境目がはっきりと区別できる。分類はイタチ科で爪のついた五本指で指

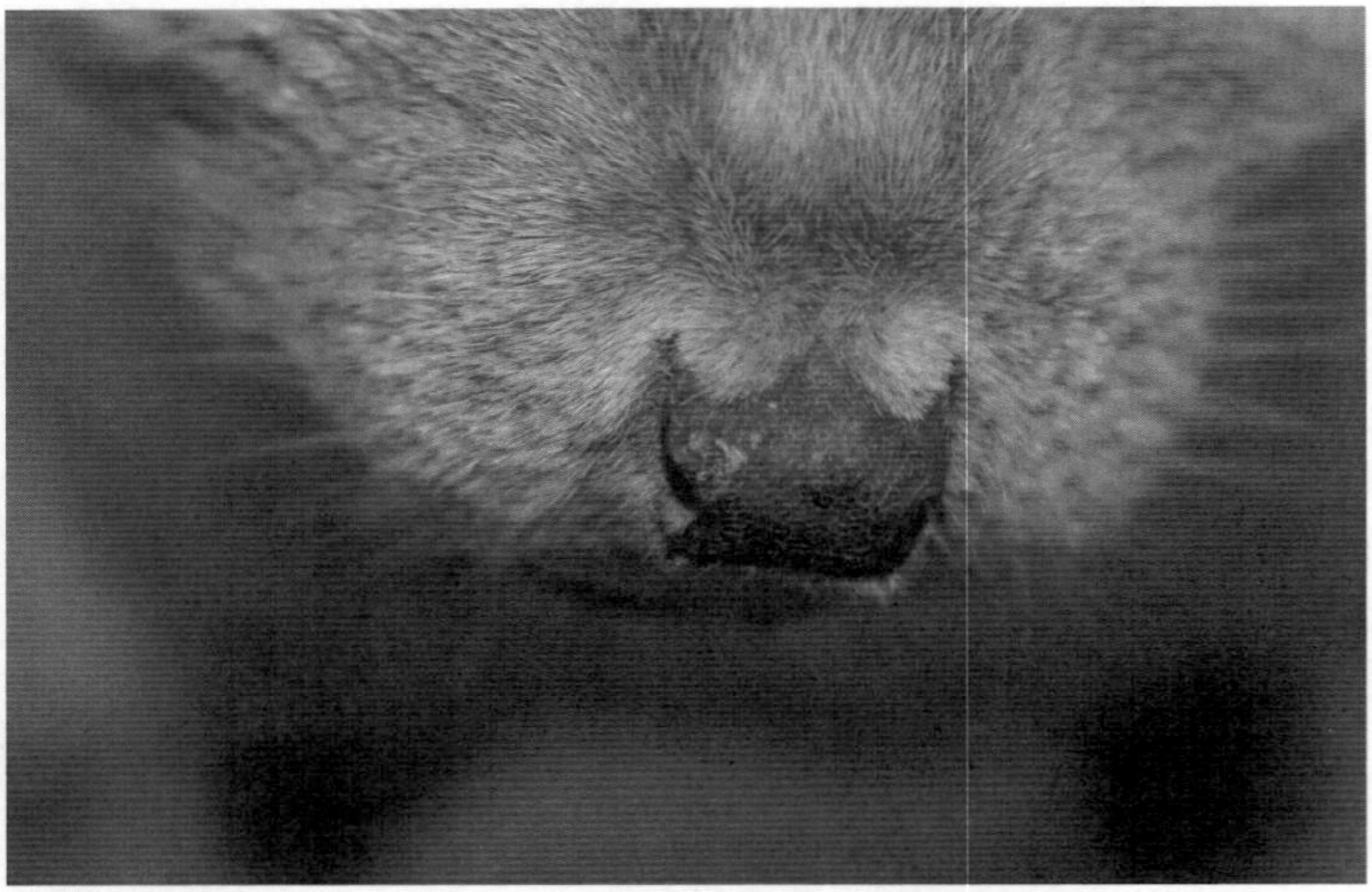

道後動物園で飼われていたマツ（剥製）の鼻先。明瞭なW字型が見える

の間には水かきがある。お腹が白い動物はほかにいません。イタチも白いですが大きさが違う」

イタチはせいぜい三〇センチ前後のサイズだ。大月町の海岸での土井秀輝さんの「色は黒っぽく、顔は前からピシャッとつぶしたようで、顔の下半分が白い」という証言は、作り話ならできがいいということになる。カワウソは吻部が短いのも特徴で、それが愛らしさとして人気が出る一因だろう。

「魚類、甲殻類を食べ、それ以外に肉食もします。縄張り内にタール便と呼ばれる目印を残すので、痕跡調査はタール便や足跡で確認できます。韓国の生息地にはごく普通に見られるものです」と谷地森さんが付け加える。

「尻尾を使って泳ぐカワウソの場合、付け根が太いのが特徴です。ほかの動物は根元がいったんすぼみますから。またニホンカワウソはカワウソの中でも尻尾が大きく、胴と同じくらいの比率のものもある。ニホンカワウソの鼻は上部が大きくＷ字型になっている」。カワウソは鼻の形状で種を判別するという。「ただ外観からはユーラシアカワウソとの区別は難しい。雌雄の別もつかない」と谷地森さんが断る。

外見でほかの動物との判別ができたとしても、死体や生体がない限り、ニホンカワウソかどうかの特定は難しいというのだ。この点もニホンカワウソが独立種か否かの見解が論争になりがちな一因のようだ。

――ニホンカワウソ標本スタンプラリー

とにもかくにも、谷地森さんからリスト（「四国自然史科学研究センター・ニュースレター」三九号）を入手し、高知県内の剥製お遍路に出発した。

実際に足を運んで確認した剥製は、高知県内で六カ所（高知未来科学館、黒潮町役場佐賀支所、土佐清水市市役所、下ノ加江小学校、土佐清水中学校、海のギャラリー）だ。これ以前に、大月町役場、県立のいち動物園、毛皮では須崎市役所のものを見ている。

直接足を運ぶことで、一つ一つカワウソの仲間に共通する特徴とニホンカワウソの特徴を確

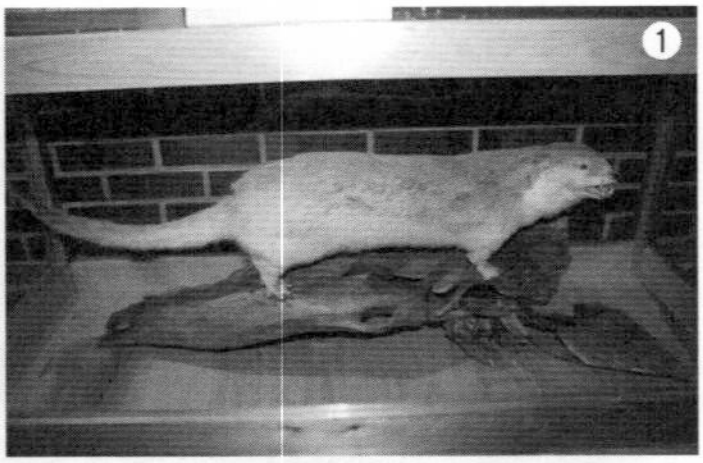

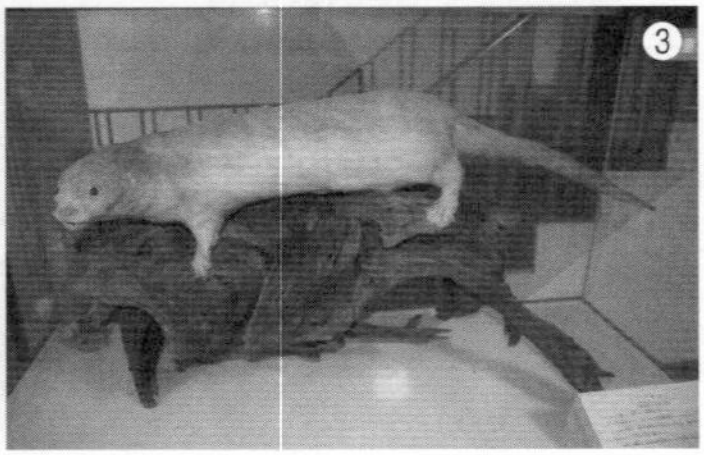

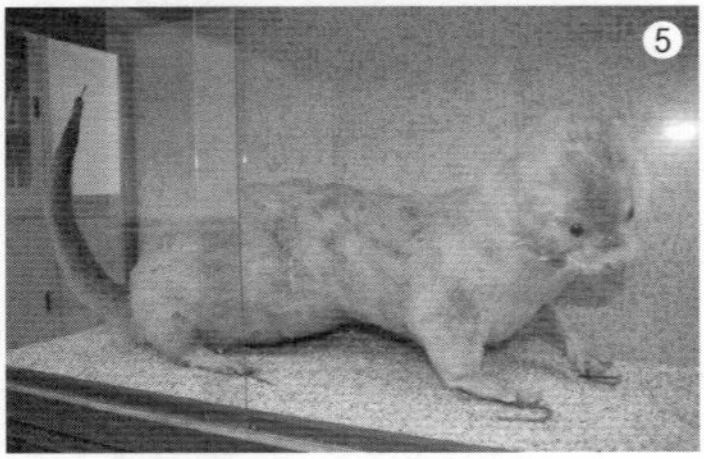

高知県内で確認したカワウソの剥製。①海のギャラリー②下ノ加江小学校③土佐清水市役所④黒潮町役場佐賀支所⑤土佐清水中学校

認しながらニホンカワウソのイメージを組み立てようとしたものの、実際には、剥製の大きさも形もポーズもバラバラで、むしろイメージが混乱する。

直射日光の当る場所にあった剥製は退色も進んで、白い別の動物に見えなくもない。剥製師は内部に綿を詰め込んで、パンパンに膨らませて、扁平なはずの頭が丸い形にも変わっている。鼻の形を確認するどころではない。赴任してきた学校の先生たちは、親しみはあっても保管にまで目が行き届かないようだ。希少な剥製のはずなのにこれでいいのだろうか。

しかし逆に言えば、こういった剥製の「個性」は、一般の人が持つカワウソへの知識の不足をも反映しているのだろう。

ぼくは谷地森さんといっしょに剥製調査を行なった、のいち動物公園の多々良成紀《たたらせいき》園長に、その一例として、タライに入れられた高知県内のカワウソの幼獣の写真を見せてもらったことがある。カワウソは水辺の動物なので、助けた人がタライに入れた。でもカワウソは本来陸生の動物なので、これでは体温を奪われて弱るだけだ。

いくらカワウソの生息が確認された地域に住む人でも、興味がなければこの動物への知識は今のぼくらとさほど変わらない。これらの剥製が作られた当時は、高知県内で生きたカワウソに日常的に触れ合える場所もなかっただろう。

急速にニホンカワウソの記憶が風化する中で、目撃証言への客観的な評価のためだけでなく、何がニホンカワウソかについての共通見解への欲求は、むしろ高まっている。

――「絶滅」のインパクト

対馬で発見されたカワウソが、遺伝子上は「ニホンカワウソではない」とされたことから生じた疑問、「じゃあニホンカワウソって何?」。
この答えを見つけるべく、「ニホンカワウソ最後の生息地」、四国高知県の剥製を見て回った。ところが、別の種類の動物との区別なら動物園のユーラシアカワウソを見てできるにしても、「ユーラシアカワウソとニホンカワウソの区別」については、剥製を見てもじっくり見ないとわからないレベルの違いしかない。

「種の区分は難しい。人間の都合に左右されるところもありますから」

高知県と並んでカワウソの生息地として知られた愛媛県の愛媛県総合科学博物館を訪問すると、当時哺乳類を担当していた稲葉正和さん(自然研究グループ研究主任)がポツリと言う。「そんな……」と吐息をつく。

これがよく見かける例えばカラスなら、それがハシボソだろうが、ハシブトだろうが、専門家の関心を引いても、一般人はさほど興味がない。しかし、「絶滅した」とされる動物が何なのか、議論が主観的=感情的になりがちなのには理由がある。

まず、「いない」はずの動物を見たなんて言うと、発言自体が疑われて客観的な評価以前に感情的な対立を生みやすい。その上、カワウソには生態系復活のために海外から移入しよう、という主張もあって、それが目撃情報の客観的な評価を辛目にしがちだ。「実は生き残っていた」ということになれば、導入の必要はないからだ。そして「ホンモノ」は、特別なものであってほしいという期待で、種についての議論が熱を帯びる。「対馬カワウソ」で実際に生じた現象だ。

だからいっそう客観的な種の区分が知りたくなる。それが、ニホンカワウソの遺存物を日本でもっとも収蔵している博物館の担当者にそう言われると途方に暮れる。

「それはやっぱり、環境省が二〇一二年に絶滅種にしたのが早かったんだと思いますよ。一九七九年の確認個体からは三三年です。最後の確認個体から五〇年というルールを厳密に適用すべきだったんです」

稲葉さんも憤っている。「幻の動物」ニホンカワウソは、オリジナリティーが高い「固有」の動物であれば、いっそう希少価値が高まるのに、フライングで国家公認の「幻の動物」とされたことで、なおのこと主観が入り込みやすくなった。だからこそ、もともと同種と考えられてきたユーラシアカワウソと別種とする根拠を知りたくなる。

それは、環境省が保護行政の便宜上日本産カワウソを「ニホンカワウソ」と呼んですませるのとは別の次元の問題だ。

――分類学上のニホンカワウソって？

伝統的な形態による分類では、基準となるタイプ標本をもとに動物の鑑定をする。タイプ標本というのは、一種の物差しのようなもので、「この動物はオオカミかな、キツネかな」と迷ったときには、分類の基準として指定されたタイプ標本と見比べて、「耳の形も尻尾の模様も歯の本数も……共通の形質（特徴）が見てとれるからキツネ」と判別することになる。大雑把なように思える。

だけど、見ている人にとって目を付けるところやその説明の仕方はそれぞれ違うから、「キツネに共通する特徴」を列挙しても、実際の動物の判定で主観の入る余地が大きい。物差し（タイプ標本）があれば、判断に迷えば常にその標本と見比べればいい。ＤＮＡの研究が進んでも、分類学でのこのルールは変わっていない。

カワウソはテンやイタチとともにイタチ科の動物だ。本州以南のカワウソは、高知県四万十市下田のネノクビ海岸で一九七二年三月三〇日に採集された標本に基づいて、*Lutra nippon* という学名が新たに与えられた。現地は集落の先のどこにでもある小石の海岸だ。この標本は現

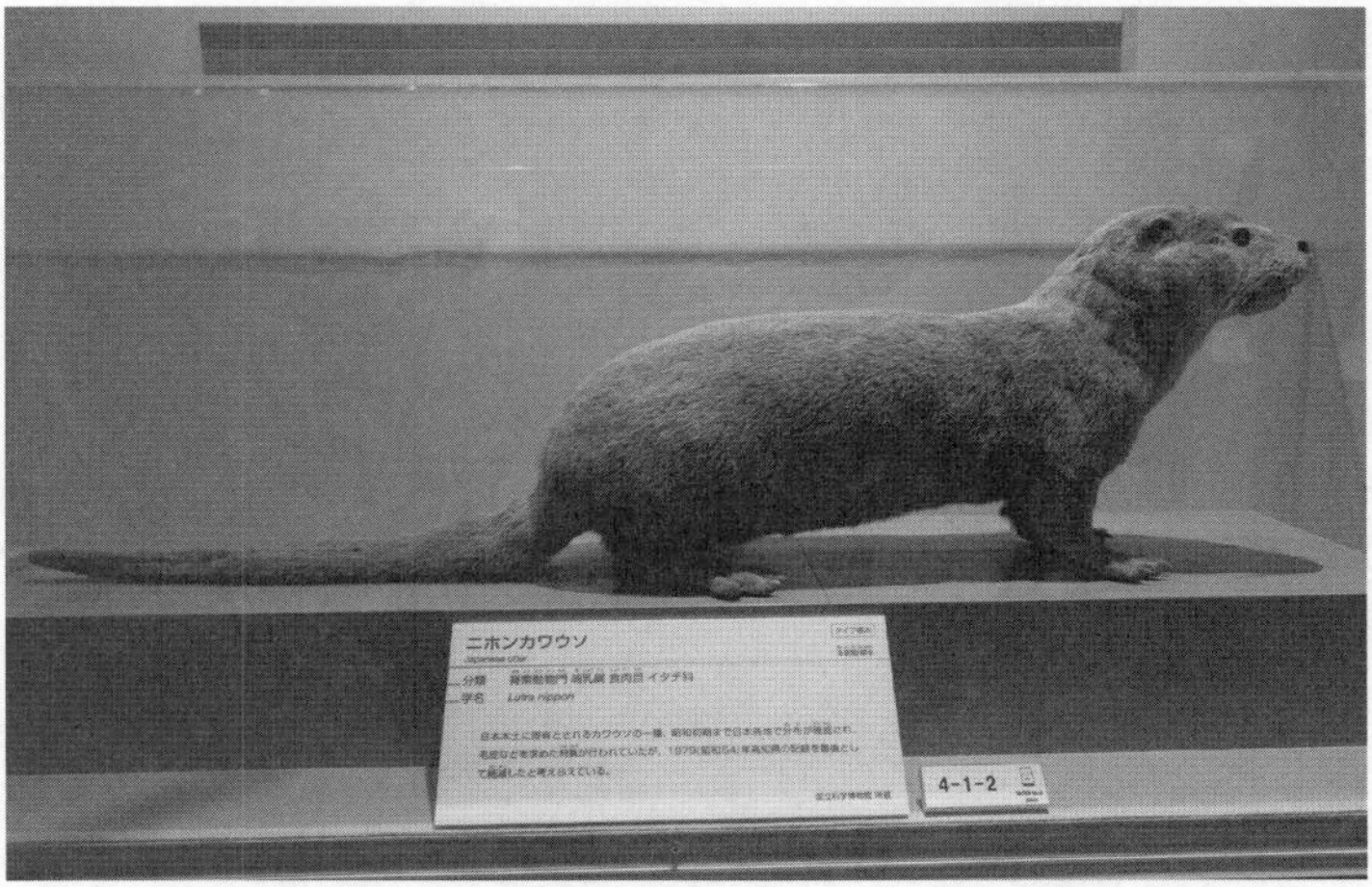

上野の国立科学博物館で2021年に公開されたニホンカワウソの本剥製のタイプ標本。学名は*Lutra nippon*とされている

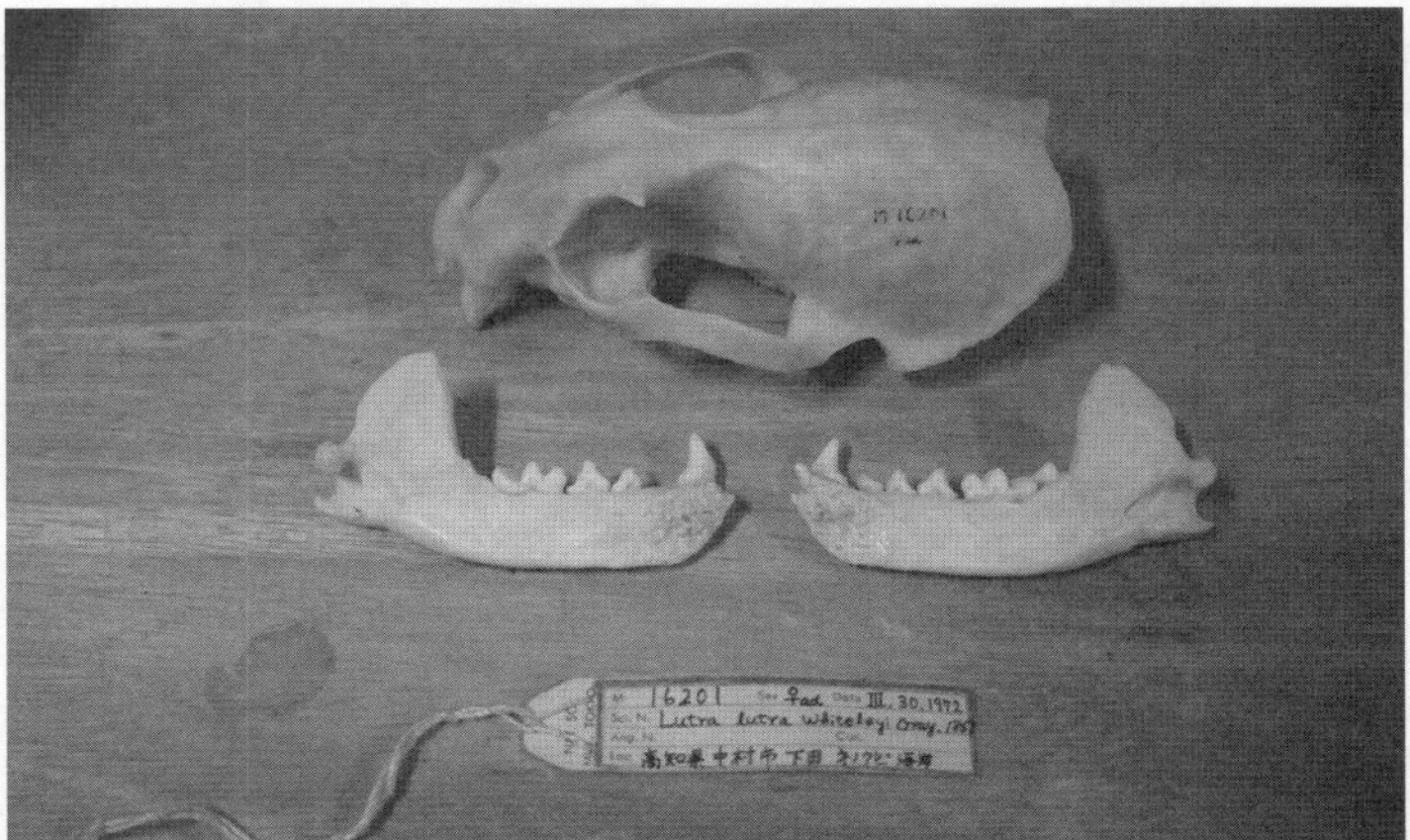

国立科学博物館に保管されているニホンカワウソのタイプ標本の頭骨

在、国立科学博物館が所蔵している。

「以前は上野で展示していたものですが、一九八九年にタイプ標本に指定されてからは一般公開はしていません」

世界で一つのタイプ標本を、そう研究員の川田伸一郎さんは説明する。剥製は普段は筑波の研究施設の収蔵庫の棚の上、段ボールのケースの中に厳重に保管してある。二〇二一年四月には、上野の博物館の「大地のハンター展」で一般公開された。

筑波では、以前展示していたときの古い解説板が保管箱の隣にあった。それを見ると「ニホンカワウソ」という和名（標準名）とともに*Lutra lutra whiteleyi*という学名が目に止まった。学名は属名と種名で記載する。*Lutra*がカワウソ属の属名、種名の*lutra*とともに二連式で学名になる。*Lutra lutra*でユーラシアカワウソだ。カワウソの仲間には七ないし六の属があり、ラッコも仲間で、人気のコツメカワウソは、ユーラシアカワウソが属するカワウソ属とは別の、ツメナシカワウソ属に分類されている。

*Lutra lutra*の後に続く*whiteleyi*は亜種名、つまり同じ種であるけれど、その中でも地理的なバリエーションを意味する。解説板の記載は、ニホンカワウソがユーラシアカワウソの亜種から独立種へと変遷した過程を物語っていた。

――「ニホンカワウソデビュー」まで

かつてニホンカワウソもその仲間だとされていたユーラシアカワウソは、ヨーロッパからシベリア、アジアにかけて広く分布する。その中から日本のカワウソが北海道産の標本をもとに、*whiteleyi*という亜種名で呼ばれるようになったのは明治維新前年の一八六七年。一二二年後の一九八九年には、さらにその中から本州以南のカワウソが*Lutra nippon*という種名を得て独立種とされた。

江戸時代の一八二四〜八年に出島に滞在し、オランダ商館の医師だったフィリップ・フォン・シーボルトは博物学者でもあり、様々な日本の動物をオランダのライデン王立自然史博物館に送っている。その中にもカワウソが含まれていた。でもその標本も、ヨーロッパのカワウソとは当初区別されなかった。*whiteleyi*の亜種名が登場するのは四〇年後のことだ。一四〇年の間に本州以南のカワウソが亜種に、さらに独立種へと進化した、わけではもちろんない。学者たちが「同じ種類だと思ってたんだけど、何だか違って見えるなあ」といろいろ区別できる個所の特徴を拾いだし、あちこち測ってみたりして、ほかの動物の種の区分も参考にしながら、自分の仮説を論文にして発表した年が、分類学ではその動物の「メジャーデビュー」の年ということになる。

世間の人にしてみれば、前をいつも通り過ぎていた駅前のストリートミュージシャンを、いきなり実力派歌手としてテレビで見るような感じだ。芸名（和名）もメジャーデビュー前も後も「ニホンカワウソ」を通した。ニホンカワウソを世に送り出すプロデューサーたちの苦労と勇気の大きさは並大抵ではない、気がする。

実際、デビュー後も看板倒れではないかと度々問われたのがニホンカワウソだ。デビューの四年後には、*Lutra nippon*を無効とする発表を行う学者も現れた。こういった混乱は、環境省が新学名に合わせ一九九八年のレッドリストの改定時に*Lutra nippon*という名称を採用したのが、四年後の二〇〇二年には本州以南の個体群を*Lutra lutra nippon*という聞いたことのない亜種名で記載するという中途半端な扱いに反映されている。これは、第二次大戦後に国の領域が日本列島に限定され、「国内のカワウソ＝ニホンカワウソ＝亜種名」とされた時代の名称に、新しい学説を強引に引用しようとした結果だろう。

高知大学でカワウソ調査を続けてきた町田吉彦さんにこの点について聞いた。町田さんは魚の分類が専門で、「私もニホンカワウソは亜種でよかったのでは、という考えはある」と長年追い求めた動物の看板に疑問を抱いていた。「しかしそうするには別種とした事例より豊富な事例で反証し、論文で発表するのが分類学の手続き」と強調する。「どれくらい違えば種と亜種が分れるかの明確な基準はない」という町田さんも、分類学のルールを損なえば何ものも言い表せないことは承知している。

――ニホンカワウソを調べてみると……

そこで、なるべく多くのカワウソ標本に自分でもあたって、見分けがつくか調べてみた。愛媛県立博物館にはなんと三〇体以上のニホンカワウソの剥製があるだけでなく、哺乳類の分類にあたって主な情報源となる頭骨もある。死体が見つかった場合届け出るように県の教育委員会が指導し、その後、博物館や道後動物園（現とべ動物園）に集められたのでこんなに標本がある。

何しろ取材にあたり、博物館側は「ニホンカワウソは絶滅していないとする愛媛県の見解について、記述する」という条件を出している。愛媛県のレッドリストでは、高知・徳島とともに依然、ニホンカワウソは絶滅危惧種（つまり「いる」）のままなのだ。カワウソを「県獣」とする愛媛県の並々ならぬ関心の高さがうかがえる。

博物館では一般展示に愛媛県内の最初と最後に収集された個体標本が陳列されているほか、収蔵庫内の棚にニホンカワウソの標本が所狭しと並んでいる。大きいものは全長一二六センチもある。長い尾やW字型の鼻など、ニホンカワウソに特有の形質は確認できるものの、やはり扁平だったり吻長だったりと、剥製師の思い入れで顔つきはいろいろ。こういった違いは、後に吻の短いタイプ標本の、愛くるしい顔つきによってイメージを補正した。

触ってみると肌触りがなめらかでとてもいい。「外部の刺し毛は水をしっかりはじき、内部の綿毛は空気を含むので保温性が高い。綿毛の密度はユーラシアカワウソで一ミリ四方で六〇〇本にもなります」と研究主任の稲葉正和さんが解説する。

頭骨も測らせてもらった。館に来る前は高校の理科の先生だった稲葉さんとともに、二人で形質を拾い出しながら確かめていく。魚をかみ切るため、カワウソの歯は鋭利な犬歯とともに、臼歯も含めほかの歯も鋭利だ。耳は小さく頭骨を横から見ると平べったい。「目と鼻が水平の位置にあります。目と鼻だけ水面から出して泳げるんです」と骨の形状から動物の習性も読み取れる。環境に適応した結果が形状に現れるので、それが分類の目安になる。

その後、とべ動物園、国立科学博物館でニホンカワウソの頭骨五つ（と蓋井島のものも）、そのほかのカワウソの頭骨一七を見比べた。それが別種かどうかは別にして、多く見ればニホン

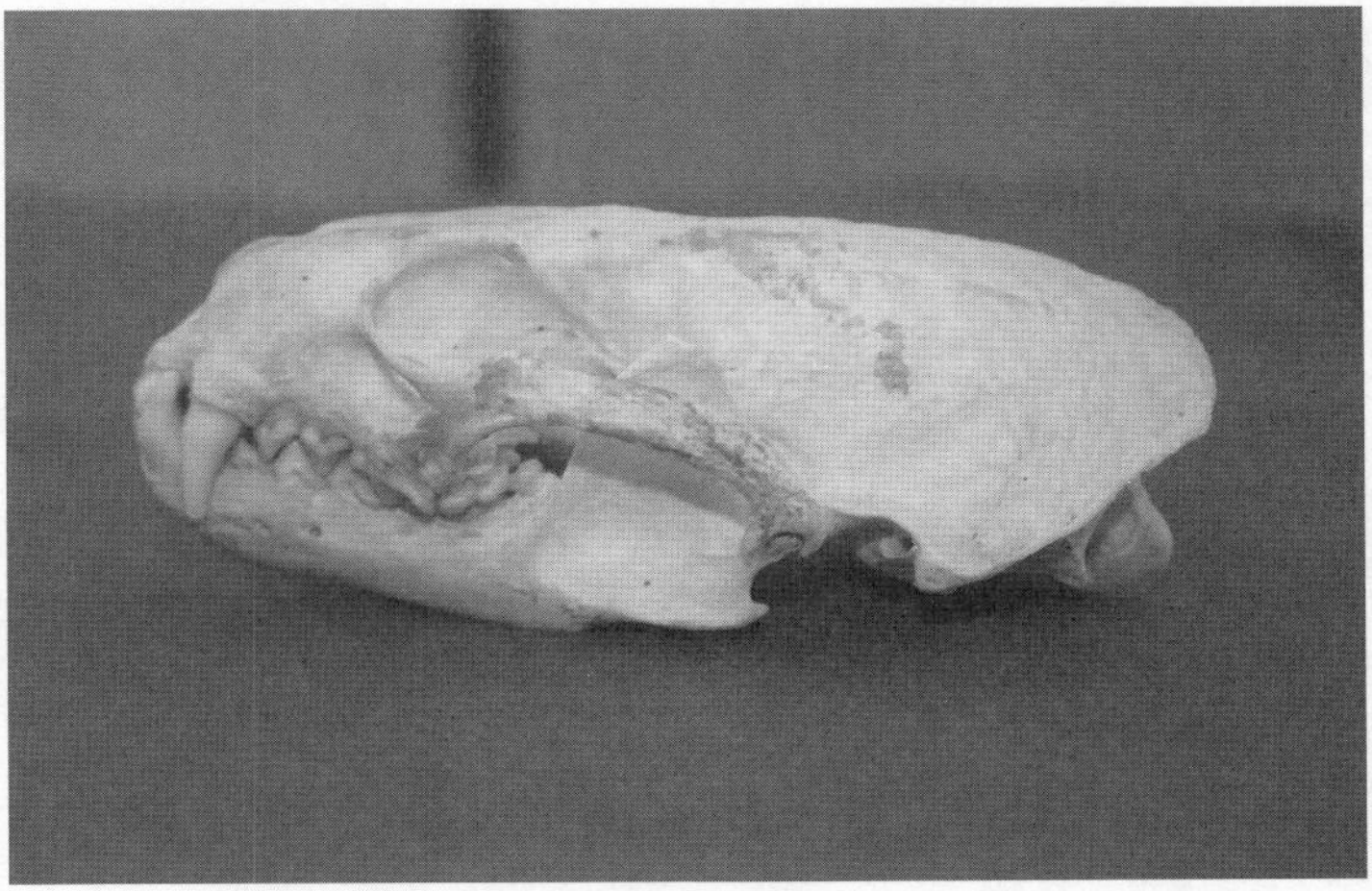

ニホンカワウソの頭骨。横から見ると平べったい

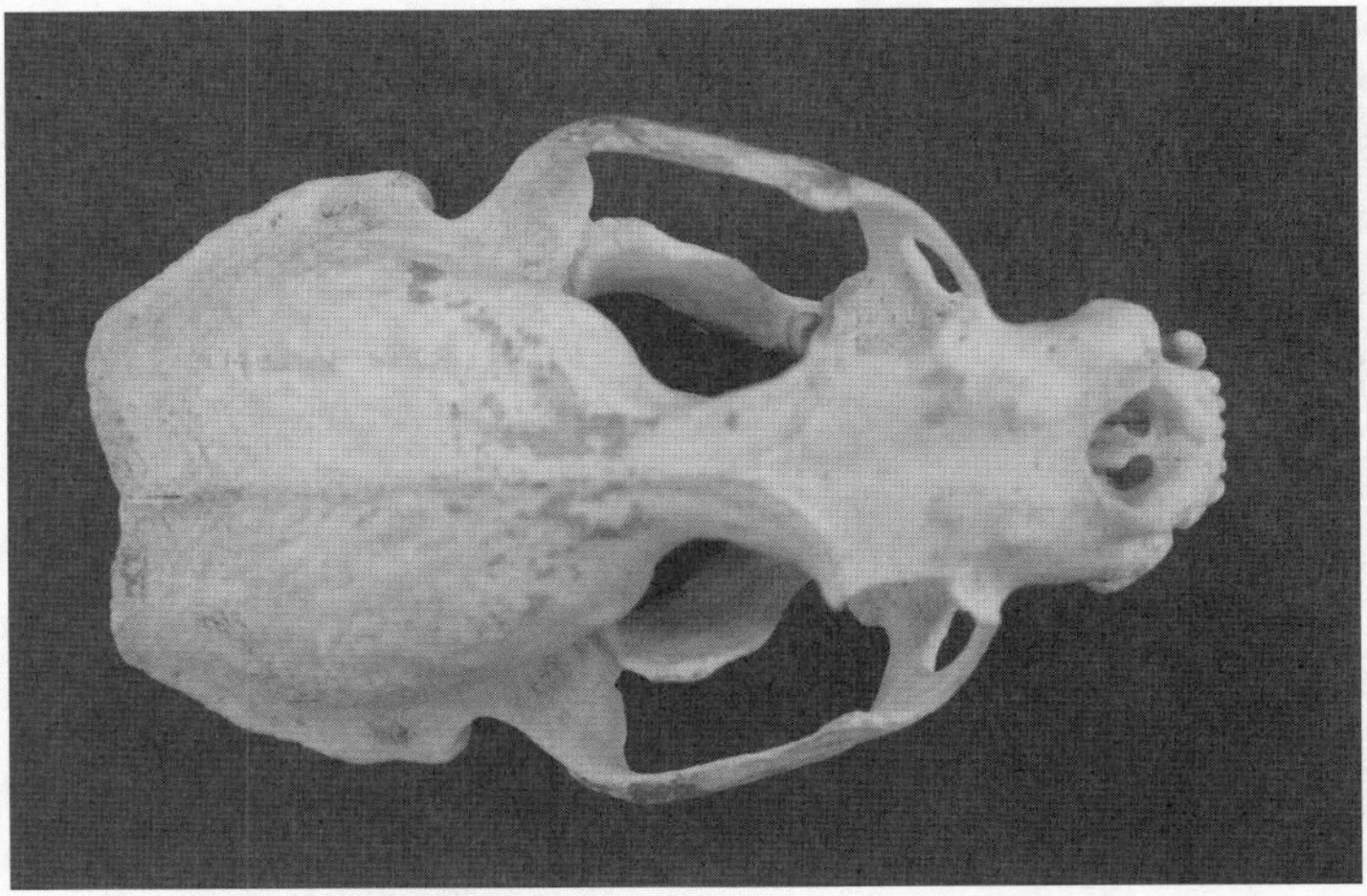

上から見た写真。頬骨弓幅が大きい

カワウソの頭骨はユーラシアカワウソと見分けられるようになる。特に上顎の前後の最大幅の全長に比して、左右の最大幅、頬骨弓幅の比率が大きいことがユーラシアカワウソとの重要な識別ポイントだ。また、脳頭蓋（脳が入っている部分）の形が握り拳を押しつぶしたようなボリューム感がある。

繰り返すけれど、ニホンカワウソを北海道産のカワウソとの比較も行って独立種としたのは、国立科学博物館の今泉吉典氏と吉行瑞子さんだ。彼らによればニホンカワウソにはより原始的な特徴が見られるという。調べた数が少ないと冷や水を浴びせられたメジャーデビューも、その後、新たな頭骨とほかのカワウソの頭骨との比較で、やはり独立種を後押しする結果になっている。

——DNAを調べればわかるのか？

しかし、形といったそんな曖昧なものよりも、今どきDNAを調べれば別種かどうかはわかるのではとやはり思う。この点でもニホンカワウソは論争を巻き起こしてきた。

東京農業大学助教の和久大介さんが、高知県と神奈川県の標本からミトコンドリアDNAを調べると、神奈川のものからは中国のカワウソと近縁の遺伝子を、高知のものからは大陸や神奈川の系統とは別系統の遺伝子を持つことがわかった。

実はこれ以前にも、一九九六年に高知大学の町田さんもかかわって、同じ高知大学の鈴木知彦氏らが遺伝子レベルの検討を行った。試料は約三〇年前の愛媛県立博物館に保存されていたカワウソのミイラ死体だ。この結果は、別種であるとする形態学的な結論をやはり支持していた。ただこのとき調べられたのはわずかなデータで、東京農大がさらに標本数を増やし、最新の技術で調べると先の結果になった。さらに対馬のカワウソのDNAを和久さんたちのグループが調べると、こちらも韓国のカワウソのDNAと近縁だとわかった。

とすると、高知のカワウソの遺伝子はオリジナルなもので、日本のそれ以外の地域のカワウソの遺伝子は大陸のユーラシアカワウソと近縁という可能性が出てくる。これは本州以南のカワウソが、形態学的にはユーラシアカワウソとは区別できるという仮説とは食い違う。

そうだとすると、本来形態学上のニホンカワウソの生息範囲と想定された地域でありながら、遺伝子上は大陸のカワウソと近縁であるとされた神奈川の標本を形態学的に調べれば、謎が解けてすっきりするのではないか。この標本が形態学的にもニホンカワウソと区別できるなら、遺伝子上でも形の上でもユーラシアカワウソと区別できる。正真正銘?のオリジナルなカワウソは、四国をもっぱら住処としていたものに限定される、単純にそう考えたのだけれど……。

――「疑惑のカワウソ」

対馬で見つかったカワウソのフンを調べると、遺伝子上は韓国のカワウソ（ユーラシアカワウソ）と近縁だった。

ミトコンドリアDNAを調べた東京農業大学の和久大介さんはそれがわかって「やっぱりね」と思ったそうだ。対馬はもともと大陸由来の動物がほかにもいる島なのだ。

それが、神奈川と高知の個体、「どちらも調べてみて驚いた」。神奈川のカワウソの遺伝子は中国のカワウソ（ユーラシアカワウソ）と近縁だった。それだけでなく、高知県のカワウソは逆にオリジナルな遺伝子が確かめられた。この結果は、愛媛県のカワウソのミイラ個体の一九九六年のDNAの調査結果を裏付けるものだった。

「本当だったんだ」

和久さんがうなる。

「カワウソは泳げる分、ほかの動物より移動する。行き来があれば違いは生まれてこない。遺伝子も変わらないかもしれない。だから九六年の調査も、DNA配列がコピペによって生じる偽遺伝子をたまたま拾っただけかもしれないと疑っていましたが、そうではなかった」

形でも遺伝子でもオリジナルなのは四国のもの、それ以外のカワウソは「実はユーラシアカワウソだった」ということか。

「ニホンカワウソ」は本州以南の日本列島に生息するカワウソを指し、一九八九年に独立種として論文に発表された。だとするとなぜ、本州のカワウソから中国のカワウソのDNAが検出されたのだろう。

「日本列島のカワウソに地域ごとに系統があったのでは。ほかの動物でもそういうことはあります。つまり四国のものとは系統が違っていた」と和久さんは一つの可能性を示す。

「分岐年代推定では高知県産は一二七万年前に、神奈川県産は一〇万年前に分岐したことがわかりました。そうすると、もともと四国にいた独自系統のものは、今大陸にいるものと分け隔てられて独自に進化したのかも。日本列島は、氷期に大陸と地続きになると動物たちのレフュジア（待避地）として新しい系統が入ってきます。特に四国・九州は暖流の影響で、それ以外の地域の個体群が絶滅しても生き残れた」

しかしそうすると、四国と本州を隔てる瀬戸内海がカワウソの移動にとっての障壁になるのかという疑問が生じる。かつて瀬戸内海の離島にもカワウソはいた。

もちろん、四国以外のカワウソが遺伝子上はユーラシアカワウソだったといっても、神奈川と対馬、わずか二カ所を調べたにすぎない。それでも「本州以南のカワウソはニホンカワウソ」とする過去の分類仮説に挑戦するDNA調査の結果に、あらためて神奈川のカワウソへの興味が増す。神奈川のカワウソが形の上でもユーラシアカワウソに属していれば、一九八九年の分類は再度定義しなおす必要もあるかもしれない。

――持ち込み個体？

そこで、件の標本を保管する横須賀市自然・人文博物館を訪問した。

「保管台帳によれば、三浦市の城ヶ島産で、西端長善寺山下えじま（飯島）の近くの穴にいたものを、一九一六年～一七年秋の間に鈴木八五郎さんが射殺し、その子息の浜口十郎さんが一九七二年に館に寄贈しています。城ヶ島は荒磯の続く場所です」

学芸員の萩原清司さんが解説してくれた。標本番号は〇〇一。館随一の貴重な標本であり常設展示はしていない。萩原さんは「ＤＮＡでユーラシアカワウソとされ、『カワウソ』という以上に説明しようがありません」と嘆いてこう続けた。

「東京湾に毛皮目的で輸入したものが逃げたと言われることもありますが、事例はなく台帳に記載されたこと以上の情報はありません」

この標本には、人の手で持ち込まれたのでは、という疑惑がかけられている。想定外の結果は、例外扱いが手っ取り早い。そんなことってあるのかなあとぼくは眉唾だった。

だけど高知県室戸市の「むろと廃校水族館」を訪問したとき、展示品の中に、ワニやペンギンの剥製があってびっくりしたことがある。解説書きには、「漁師町である室戸は捕鯨やマグロで景気が良かった時代がありました。外国の海で漁をしていた際、現地でお土産として購入、生体を捕獲して持ち帰ることもありました。生きたペンギンを飼っていたという話もあります。ここには室戸市内の廃校にあったものも含まれており、個人宅ともなるとカンガルーやコアラ、トラなどもあるようです」とあった。必ずしも突拍子な説でもないようだ。

念のため寄贈者の浜口さんの住所に手紙を出したところ、宛先不明で返却されてきた。縄文時代の貝塚からはカワウソの骨が発掘されているものの、「もともと三浦半島の動物相は貧相です」と萩原さんは解説する。ほかにカワウソに関する記録もなく、この説については判断のしようがない。

――ニホンカワウソ？ ユーラシアカワウソ？

実際に標本を見てみた。左耳にボタンが、左下の脇腹にゴムがあり、襟巻として使っていたことがわかる。襟巻用に差し毛は抜かれて尻尾部分のみが残っている。

「これが弾痕かもしれません」

萩原さんが右前肢にある穴を差した。識別形質の一つの鼻はつぶれていて形がはっきりしない。

尾長の割合が大きいのがニホンカワウソの特徴とされる。この個体の場合、全長は一〇二・五センチ、尾長は三二センチ。全長から尾長を引いた頭胴長は七〇・五センチになる。尾長／頭胴長に一〇〇をかけた数値をXとすると、X＝四二・五となる。このXの数値が大きいほど、体に比して尻尾の割合が大きくなる。

ニホンカワウソを独立種とした一九八九年の原記載論文では、ユーラシアカワウソの五五・四、コツメカワウソの六〇・五、ユーラシアカワウソの北海道亜種（whiteleyi）の五七・一に比して、国立科学博物館のタイプ標本のX値を六八とする。この数値で見る限り、横須賀市自然・人文博物館の個体の尾長割合はかなり小さい。萩原さんは「小さ目ですし、幼獣個体でしょう」という。だとすると、尻尾だけでニホンカワウソでないとは断定できない。

この毛皮には頭部に頭骨が残っている。後端部が欠損しているものの、計測器を毛皮の間に差しこんで一部計測することができた。上顎の前後の長さである基底全長が欠損したままで九八・五ミリ、左右の最大幅である頬骨弓幅が六五ミリ。比較のために欠損はどうにも痛い。

萩原さんが「X線を取りましょう」と言って毛皮を持って行った。

しばらく待って、まだ濡れたX線写真を萩原さんが映しだした。

「ニホンカワウソに見えるなあ」

それまで五つのニホンカワウソの頭骨、それに国立科学博物館などでほかのカワウソ頭骨を見た、それがぼくの第一印象だ。X線では後部の欠損部を覆うように頭蓋骨写真が映っているので、写真上で頬骨弓幅を欠損を補った基底全長で割り、一〇〇をかけた割合の数値をYとして出すと、Y＝六六・一になる。Yの数値が大きいほど、前後に比して幅広の頭骨となる。

原記載論文のニホンカワウソの頭骨八個体のY平均値は六二・三になる。これがユーラシアカワウソの場合、国立科学博物館、とべ動物園の八個体平均は五八・九になる。原記載論文とぼくの計測値には若干開きがあり、測り方が違っていたのかと思わないでもないけれど、ぼくが調べたニホンカワウソ五個体でもY平均値は六一・一になる。欠損しているので横須賀博物館の個体のY値は実際にはもう少し小さいかもしれない。それを差し引いても、Y＝六六・一という値はユーラシアカワウソよりもニホンカワウソに近い。

——X線写真がニホンカワウソと一致

さらに萩原さんのアイディアで、雑誌「Fielder」編集部に頼んで、このX線写真を撮影してきたカワウソ頭骨と重ねて投影してみた。そうすると、国立科学博物館所蔵のニホンカワウソのタイプ標本と重なる。逆に韓国産や動物園で飼われていたユーラシアカワウソとは一致しない。

タイプ標本について言えば、そのY値は、原記載論文の計測値で六四・五で六二・三の平均値よりやや大きい。尾長の割合（X）についても、愛媛県総合科学博物館所蔵の標本リスト（「愛媛県立博物館研究報告」第一五号）の中で実測計測値があるものが二〇個体あり、そのX平均値は六四・一。ぼく自身が計測した高知・愛媛九つの剥製とタイプ標本のX平均値は六九なので、X値が六八のタイプ標本は、尾長、頬骨弓幅の割合、二つの値でやや大きめながら平均的。横須賀博物館の個体の頭骨の形状は平均的なニホンカワウソのものと一致する。

つまり、横須賀市自然・人文博物館の個体は、ニホンカワウソの形質を備えつつも、ミトコンドリアDNAではユーラシアカワウソの遺伝子を持つということになる。もちろん、尾長の値もニホンカワウソと開きがあり、これだけでは断定できない。幼獣であることが数値に影響

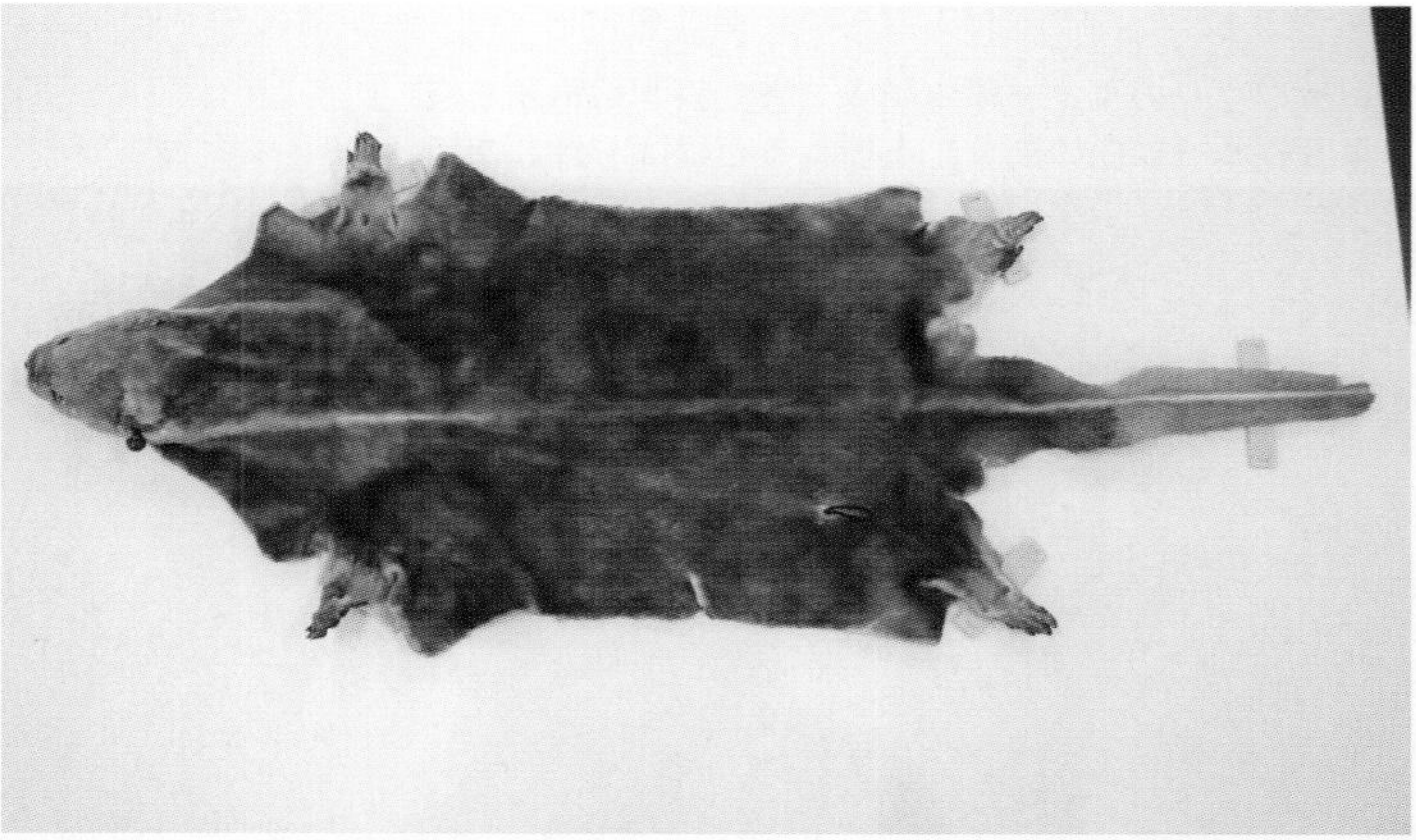

横須賀市人文・自然博物館に所蔵されている三浦市城ヶ島産のカワウソ標本

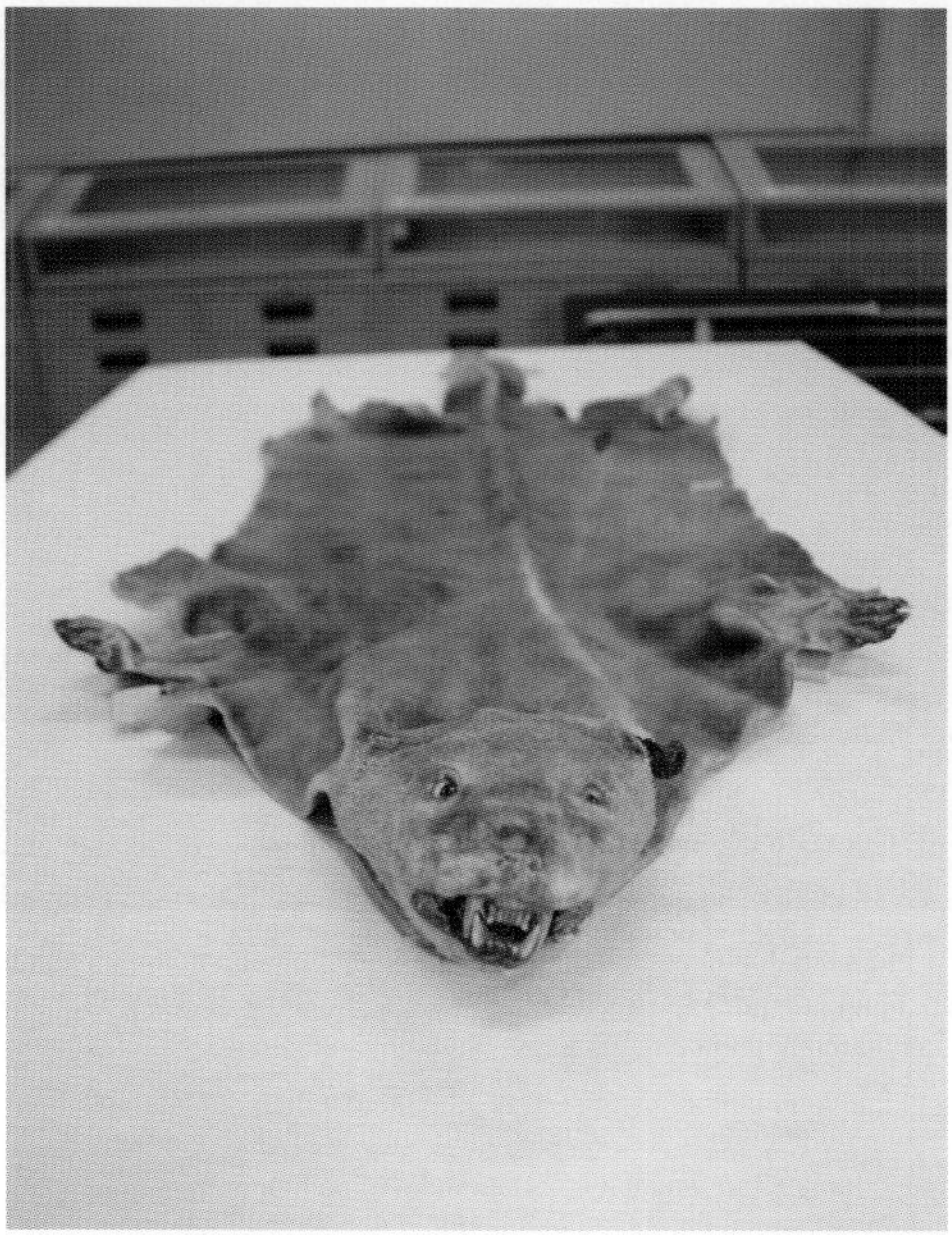

頭部に頭骨が残っていたため、X線写真を撮り、
ほかのカワウソ頭骨と比較してみた（次ページ）

ニホンカワウソのタイプ標本頭骨（国立科学博物館所蔵）に
城ヶ島産標本（緑色の部分）を重ねるとほぼ一致した

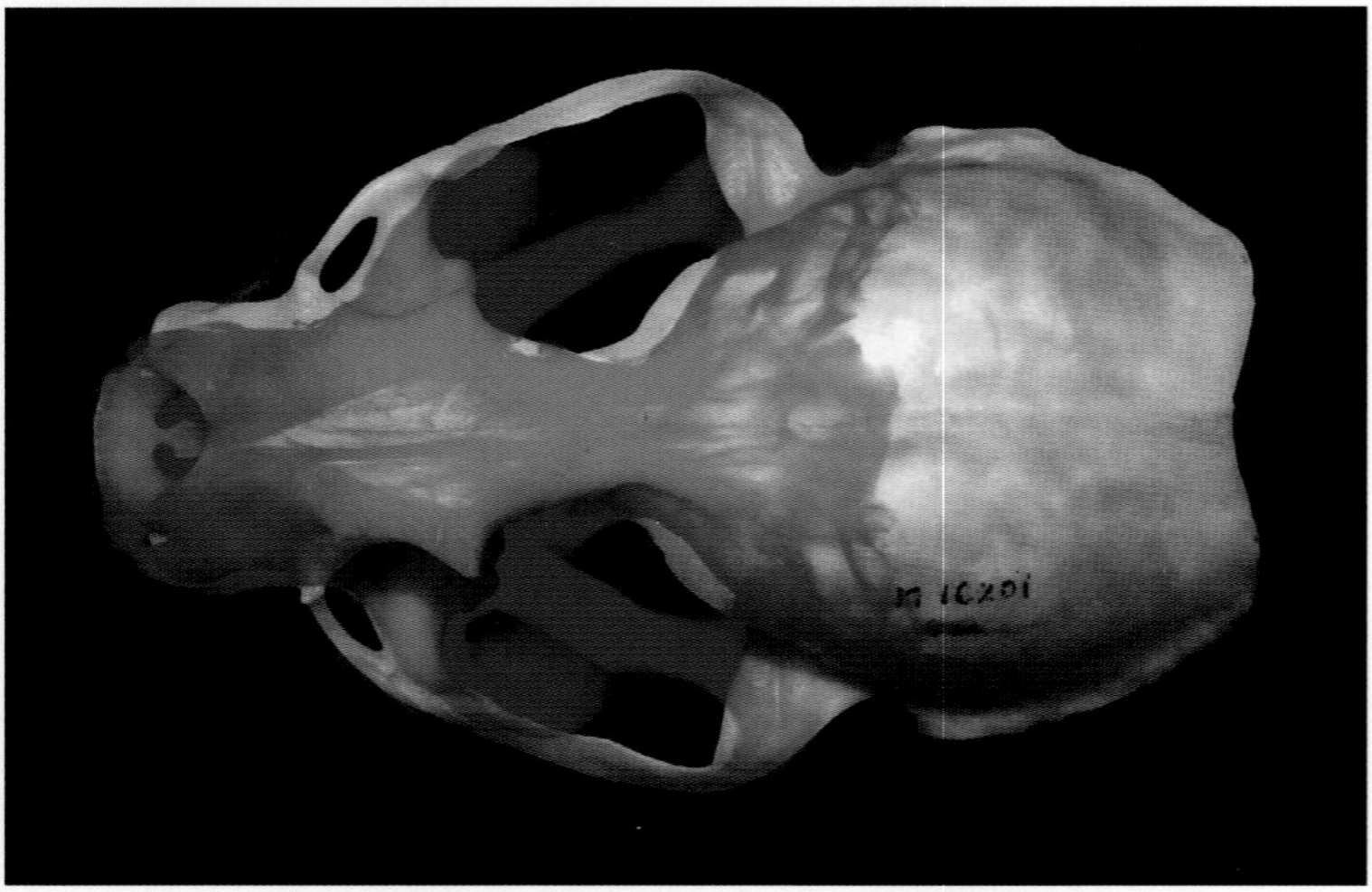

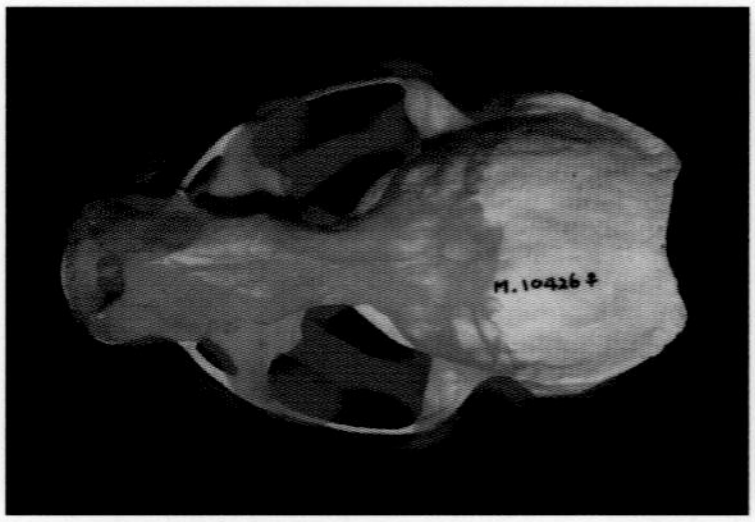

上野動物園で飼育されていたユーラシアカワウソの頭骨M10426♀（国立科学博物館所蔵）とは一致しない

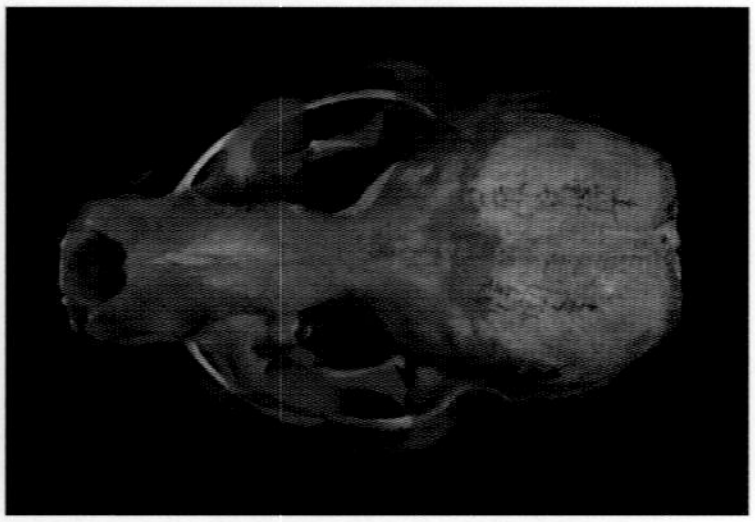

韓国産ユーラシアカワウソの頭骨（国立科学博物館所蔵）とは一致しない

制作：「Fielder」編集部

している可能性もある。

これが形態上もユーラシアカワウソに近かったなら、「人の手で持ち込まれた」という疑惑が強まったかもしれない。だけど、結果は逆だった。

萩原さんは「ミトコンドリアDNAは母系遺伝ですから、母方の昔のユーラシアカワウソのものがはっきり出ることはありえます。形態はニホンカワウソなのに例えば五代前にユーラシアカワウソのメスと交配して、その遺伝子がミトコンドリアDNAに受け継がれたような場合です」という。だとすると、本州以南のカワウソがニホンカワウソだという推定は今も否定しえない。

ちなみに、博物学者の直良信夫氏の実績をまとめた『直良信夫の世界』（杉原博久著）を見ると、直良氏は「カワウソには、大形と小形のものとがあり、陸棲のものは概して小さく、海岸ずまいのものは大形であった。これはことによると種を異にしていたのではあるまいか」という、遺存物を比較した直良氏の指摘を紹介している。この指摘はニホンカワウソが独立種とした論文では触れられておらず、DNAなどの結果を見ると検討する価値があるようにも思えるけど、あまりにも混乱しそうなのでこのくらいでやめにしておく。

「分類は魚屋さんの店頭で並んでもわかるようにしろと先輩には言われたものです」

魚類の分類が専門の萩原さんが冷静に言う。その点ではニホンカワウソとユーラシアカワウソの形態上の違いはわずかだ。お互いに出会っても結婚するだろう。

同じく論争のある蓋井島のカワウソの場合X＝六九・八（欠損があるので目安）となり、これもニホンカワウソよりだ。もともと本州内にニホンカワウソとユーラシアカワウソが進出して、交配も行なわれていたものの、優勢だったのがニホンカワウソ。だから形態では区別がつかないのに、ユーラシアカワウソの遺伝子は残っている、ということか。持ち込み個体とニホンカワウソが交配し代を重ねたとか。そうすると本州以南でカワウソらしい動物を見かけたら、一応は「ニホンカワウソでは」と調べてみてもいいんじゃないか。

——那須でカワウソ騒動勃発

栃木県那須町沼野井地区の余笹川《よささ》で実際にその調査がはじまったのは二〇一八年四月。川岸がマスコミ関係者で溢れ、目撃情報を求めるポスターが貼られ、ドローンが舞った。二〇一七年八月にカワウソ動画が公表された対馬に続き、目撃情報から「ここにもカワウソがいるのでは」と、延べ人数二一八人、六六日、赤外線カメラも動員する大規模な捜索が町も支援して行われた。

二〇一九年のその一年後の早朝、黒川との合流点から余笹川上流へと足をのばす。のどかな里山風景の中、整然と護岸された浅い水の中に大きな岩が散在している。サギ、トンビに小鳥の姿を見かけ、カモが飛び立った。

「小さいころは魚もたくさんいた。アユ、カジカがいて、ウナギも釣れた。そのころ土手のところに動物がいてあれがカワウソだったのかも」

道端で石をトラックに運んでいる七〇歳の男性が、手を広げて大きさを示してくれた。八〇センチほどのようだ。那須では一九八九年に水害が起き、整然とした風景はその後の河川改修によるものだ。サケも溯上する川の上流には取水堰の淵もあり、いかにも何かいそうな雰囲気だ。期待が増す。

「まずこれを見て下さい」

那須町役場の応接室で副町長の山田正美さんが、自身が代表の「なす魚類調査クラブ」の調査報告書（二〇一九年）を差し出した。それをパラパラとめくっていくと、川の中の岩に真っ黒な動物が映った写真がある。確認した動物の欄に、たぬき、ハクビシン……と続いて最後に「*アメリカミンク」と表記している。

山田さんの顔をまじまじと見返す。

「アメリカミンクは栃木県で初確認されました――」

山田さんが成果を強調した。

「――特定外来生物ですから問題はありますが」

と付け加えて。特定外来生物は、輸入や飼育が規制され、場合によっては防除の対象になる。報告書には二〇一七年～一八年にかけて周辺での一二件の「カワウソ」目撃情報がある。

もともと栃木県下では、余笹川と同じ那珂《なか》川水系で、那須町から二〇キロほど離れた大田原市を流れる箒《ほうき》川で、一九三五年ごろにカワウソが捕獲された記録がある。ほかにも同水系の内川や日光などでの目撃情報が報告されている。

「実際に余笹川周辺で聞き込みを行うと、捕まえたカワウソを襟巻にしたり、剥製にして飾っていたと証言する古老もいた」

山田さんがうなずく。しかしカワウソは発見されていない。

「カワウソを見たとは言っていない。ミンクを見たとも言っていない。夢を追いかけたい。もともと確認のための調査です。もう一年は続けたい」

山田さんが目を輝かせる。実はカワウソ同様水辺を生息地とするアメリカミンクは、黒川の上流のさらに先、福島県の西郷村での生息が確認されていた。かつては毛皮用に各地で飼育されていたのだ。

「最初からミンクです」

そう振り返るのは、調査を指揮した那須どうぶつ王国園長の佐藤哲也さん。

「ロマンを応援した。対馬でもそうですが、絶対いないとは言い切れない。それは今も同じ。美しい里山風景の残る地域です。何よりみんなが自然に目を向けるきっかけになった」

未知なるものへの情熱、それを人々に呼び覚ましたのが、このときの調査の最大の成果だ。

——長野県のカワウソ情報

那須市の目撃はミンクだったものの、本州以南のほかの地域でもカワウソらしき動物の情報は複数ある。全部那須と同じ見間違いなんだろうか。

ここでぼくが知りえた限りの「カワウソ情報」を紹介してその広がりを示してみたい。カワウソ関係者の間ではこれまで知られているものもあり一部重複するものの、ぼくが独自に入手した情報もある。

環境省が「絶滅宣言」を出した直後の二〇一二年九月二四日の雑誌「アエラ」では、北アルプス黒部源流でのカワウソ情報について紹介している。黒部源流は、後立山と北アルプス主脈に挟まれた内院で、中央部に「雲上の楽園」とも言われる雲ノ平がある。

この記事の中で二〇一〇年、一一年に三俣山荘の故伊藤正一氏は、雲ノ平で「オーイ、オーイ」という男の子のようなかん高い呼び声を聞いていて「カワウソの鳴き声だろう」とコメントしている。伊藤さん自身も、一九五七年に、三俣山荘から湯俣に下る途中で、崖から駆け下りて川に飛び込むカワウソの姿を見た。また、カベッケ原や赤木沢出合いで度々目撃したという。記事にはほかにも二人の目撃者の証言がある。

伊藤さんは、戦後三俣山荘を買い取って、「山賊」と呼ばれた地元の猟師と協力しながらこの地域の登山ルートや小屋を整備していった様子を『黒部の山賊』という本に記録している。その中では「カッパが化けて出る」からきたカベッケ原のことも触れられていて、「山賊」の遠山林平さんは「カワウソの盆踊り会場」としてカベッケ原のことを説明している。ぼくも学生のときに、赤木沢を溯行したことがある。もちろん、登山道を歩く登山者は入れない個所だ。

元東京農大教授の安藤元一さんの著書『ニホンカワウソ』では、黒部源流のある富山県で、明治時代におけるカワウソの毛皮の生産量の変遷を示すグラフが示され、黒部川の流域の下新川郡では一九八九年（明治二二年）に一二〇枚のピークに達した。それが、一九〇〇年以降は生産記録のない年が多く、記録のある年でも数枚から一〇枚程度にすぎず、乱獲の影響は顕著だ。

本州において、戦後の確認事例は、一九四九年の奈良県下北山村、一九五〇年の山形県朝日山地出谷《でや》川、一九五四年の和歌山県友ヶ島海岸と続く。一方本州最後の確認事例は、黒部川河口にもほど近い、一九五九年の富山県朝日町とされている。下流では乱獲があったものの、上流部の個体が生き残っていたということなのだろうか。アエラの記事が本当なら、黒部源流でのカワウソの乱獲もなかったし、もちろん生態調査もしていない。

紀伊半島は地元のナチュラリストの中尾敏夫さんが、カワウソの特徴を示したポスターを各所に張り出したこともあり、近年に至るまでカワウソ情報が浮上する地域だ。中尾さんからのプレスリリースでは、二〇一二年八月に、串本町浪ノ浦漁港東側海岸の崖のあたりで、コツメカワウソを飼育している方からの、「ピィヤー、ピィヤー」という鳴き声を聞いたという情報が中尾さんの元に寄せられている。

五島列島では触れたように、五島自然環境ネットワークの上田浩一さんと森林総合研究所九州支所の安田雅俊さんが、文献記録とともに五島列島の八つの証言事例を掘り起こしていた。最新は一九八一年の秋に、谷川菊次氏の証言として渕ノ元地区の川でカワウソの死体を見たというものだ。

「第二次大戦後もけっこういたようです。邪魔者として捕まえられた、つまり密漁で絶滅した。狩猟圧が高いと個体の再生産は間に合いません」

安田さんが五島のカワウソについて解説してくれた。

「東南アジアではカワウソはどこにでもいる。一〇〇年前の日本はそういう感じだったのではないでしょうか。一八〇度変わってしまって、日本だけカワウソがいたとなると『すごい』となる。同じく絶滅したオオカミや九州のツキノワグマよりははるかに身近だったのではないでしょうか。実際（安田さんの職場のある）熊本県を調べると、一九〇一年の農商務省の毛皮調査で二〇件の報告がある。阿蘇、水俣、菊池川と広くいたんだと思います」

証言は五島にどんな生き物がいたのか聞きこむ過程で出てきたもののようだ。結局、「五島にカワウソがいたというのは知られていなかった。調査していないし研究者は行かない」（安田さん）のがやはり真相のようだ。

熊本県では、一九九三年に毎日新聞に「川辺川にカワウソを追う」というレポートが載せられ、一九九一年に刺し網のアユが何者かに食われ、九二年には目撃情報もあったという。その後も地元では調査や報道が続いたものの、決定打は出ていない。

ぼくと同じく大分県出身の直良信夫氏は、「カワウソの棲息地を訪ねて」という文章を一九四〇年に残している（『直良信夫の世界』収録）。そこでは、ぼくの出身地の隣町の野津町（現臼杵市）の風連洞の獣類化石の調査の帰り、村人の示唆で、雨の中雨具をかぶって野津市《のついち》川で野生のカワウソを実際に観察した記録がある。この川は、山間の幅一〇メートルもない川で付近に民家と国道もある。当時は見ようと思えば見られる動物だった。

それを裏付けるのが、市町村史の記述を拾い出して岐阜県の過去のカワウソ分布を明らかにした向井貴彦氏らの二〇一八年の研究だ。岐阜県では、一九三二年(昭和七年)に揖斐《いび》川で捕獲されたのが県内最後の標本とされている。研究では県内一〇三の市町村史(合併前)を調べ山間部の飛騨地方を中心に二〇の市町村史からカワウソについての記述を拾い出している。昭和までカワウソがいたという記述は三町村ある。


では、ぼくの暮らす長野県の場合はどうだったのだろうか。長野県では一九三〇年の確認を最後に確実な情報がないとされている。

一九二三年~一九二七年の農林省による捕獲頭数の県別一覧は、カワウソの生息を推し量る資料として知られている。これを見ると、長野県はこの間七〇頭を数えて二位の高知県の三七頭をダントツで引き離して一位だ。この翌年一九二八年にカワウソは捕獲禁止獣に指定されている。捕獲頭数についても申告をもとにしているため、これが実際どの程度生息数と関連しているかは不明だ。しかしそれを考慮しても、北アルプスを流れ下る千曲川、諏訪湖を発出する天竜川、木曽谷を流れる木曽川と、高山も多く河川と渓谷が縦横に行き交う長野県は、カワウソの楽園であったことは予想がつく。

岐阜県と同様に、ぼくの暮らす県南部、天竜川筋の伊那谷の市町村史を頼りに、カワウソの記載について拾い出してみた。多くが昭和四〇～五〇年代に編纂された、四一（飯田市は旧区）の市町村史のうち、カワウソの記述があったのは二カ所で、ぼくの住む大鹿村の隣の旧大島村（現松川町）と飯田市の南の泰阜村にわずかに記述が見られるだけだった。

ところが、宮崎県延岡市の山本和則さんのところを訪問した際見せられた資料（『伊那』五四八号）の中に、大鹿村での一九七三年の目撃情報があって驚いた。

山本さんは『オオカミ追跡一八年』（一九七〇年）の著者、ジャーナリストでオオカミ研究家、斐太猪之介《ひだいのすけ》氏（故人）の影響を受けて、長らく周辺山域のオオカミの調査を続けてきた。オオカミを探す間に、カワウソや九州のツキノワグマなど、やはり「幻」の動物にも手を広げ、資料が集まっていった。

この資料は、「信州日報」という今はもうない新聞に、大鹿村内で「子連れの四頭がゾロゾロ姿を見せる」という見出しの記事があったことを触れている。下流の小渋ダムでの目撃談も紹介されている。何のことはない。四国でカワウソ騒動が起きていた同じ時期に、地元でもカワウソブームがあったのだ。

この記事は「〝カワウソ〟捕りの名人に聞く」という、「戦争前」に仕掛鉄砲でカワウソを捕っていた九〇歳になる佐々木桑治郎さんのインタビューで、天竜峡付近でのカワウソ猟やカワウソの生態についての貴重な記録になっている。佐々木老人の話は「戦後は禁猟になった」と述べていて、一九二八年の捕獲禁止獣の指定とは齟齬があり、あるいは密漁だったのかもしれない。毛皮は当時八円で四〇〜六〇円あれば一家の生計が経ち、一匹で「一年に男衆を二人つかえる」と佐々木老人は述べているので、当時の狩猟圧の高さが伺える。

土井さんたちの仲間で、SNSでカワウソの情報を発信している山本大輝《たいき》さんは、今年二〇二一年二月に、ぼくの暮らす大鹿村までやってきた。まだそのころは大学生で、ぼくが溜めた資料を夜遅くまで見て大興奮していた。

翌日、以前近所の八〇代の猟師のSさんが、昔はカワウソがいたと教えてくれた現場、小渋川上流の小河内沢、御所平を見に行った。山奥の自然環境の豊かなエリアだけど、冬だというのもあってか動物の気配がなかった。

戻ってくると、Sさんが道を歩いていたので早速話を聞いた。以前話を聞いたときは二〇年くらい前までいたと言っていたのが、「若いころで結婚する前」と言っていたので、半世紀近く前まで時は遡っていた。小河内沢はマムシを取りに行くところで、そのとき見たという。「黒か灰色か」と記憶も曖昧だった。漁協が御所平の河原に魚を放流していたということだから、それをめがけてきていたのかもしれない。

福井県おおい町にオオカミの目撃情報の検証に二〇二〇年に訪問したとき、自分もオオカミを見たという七六歳の小野義雄さんは、目の前の南川を指しながら、「子ども時分にはカワウソを見た。泳いでいたら来よった。かわいらしい顔をしていた」と思い出話を話してくれた。一九五三年ごろのことだ。おおい町は京都府と県境を接し、近くには京大の演習林が広がる。京都府の確認情報は一九三〇年が最後とされる。

なんだか、いろいろ情報を集めていくと珍しい動物という気がだんだん薄れていく。山本大輝さんに、「オオカミとかと比べてちょっと弱いよね」とぼくが言うと「そうなんですよね。まだ幻になりきれていないんですよね」と嘆息していた。

――宮崎県・鉄路の上のカワウソ

宮崎県高千穂町と延岡市を結び、五ヶ瀬川を望む風光明媚な山間部を走る高千穂鉄道。その日、高千穂小学校に勤務する渡木《わたき》康文さんは、土曜日で学校が引けたお昼過ぎ、いつものように一両編成の列車の先頭部分で前方を見ていた。延岡市の蔵田地区のトンネル手前のカーブに差しかかろうとして列車はスピードを落とした。

「Tさん、何かおる」

渡木さんが五ヶ瀬川沿いを走る前方二〇〇メートルほどの線路の左側に、何か動物がいるのに気づいて、運転席の顔見知りの運転手に話しかけた。

「何ですかねえ。犬でしょうか」

と首を傾げるTさんに、「あんな犬はいないでしょう」と渡木さんは答えた。

「これはただもんじゃない。ネコや小犬よりは大きい。一メートルくらいでしょうか。大きなリスやキツネ、シカやテン、イノシシとかは見たことはあるけど別物です」

渡木さんは当時を振り返る。

「二〇〇〇年の春から夏にかけて。穏やかな好天でそこまで暑くない。ところがその動物は水に濡れて真っ黒で体はつややかでした。左側のレールとバラストの間、体は川のほうに向いて、列車が近づくとこっちをひょこんと見て固まっていた。愛嬌のあるとぼけた顔で、アザラシのゴマちゃんみたい。体全体がのっぺりとひょろ長い。耳は短くキョンと立っていた。Tさんは尻尾がくるくると丸まっていたと言ってましたが、私はヒゲの印象が強い」

列車が残り三〇メートルほどに近づくと、「しゅるしゅると」川のほうに下りていった。

渡木さんが「カワウソんごたるですよ」と述べると、今度はTさんが「カワウソおるんですかねえ」と答える。月曜日に図書館に行って本を開いた渡木さんは「やっぱりこれだ」と唸った。

この目撃情報をぼくは、先の延岡市のオオカミ研究家・山本和則さんから教えてもらった。山本さんといっしょに、二〇〇八年に廃線となった高千穂鉄道の軌道跡を、五ヶ瀬川の対岸から望んだ。この辺りの川幅は広く淵が続く。「蔵田隧道の反対側には、イノシシが沢ガニを食べに下りてくる道がある」と渡木さんは言った。県道から川に下りる道をたどると小船があり、岸にカニ漁の籠がある。川底にはカニの甲羅が散らばる。

地図を見ると、近くの山の手にはカワウソが山越えしたポイントに付けられる「うそ越」の地名がある。延岡市のナチュラリスト、佐藤忠郎氏の著書『よろず聞き書き　郷土の地名雑録』には、五ヶ瀬川流域だけでなく、河口を同じくする北川、祝子川流域ほか周辺河川の過去のカワウソ情報をまとめている。大分県宇目町との境界付近の、北川支流鐙川《あぶみ》の青山橋上流で、親子連れを見た人がうち幼獣一頭を捕獲、翌日は元の場所に返したという記載もある。

北川を溯り、大分県側に入ると佐伯市になる。佐伯市が二〇一二年にまとめた『第一次佐伯市自然環境調査報告書』の哺乳動物の章では、カワウソの目撃情報が掲載されている。作成した平野憲治さんに聞くと、市内を流れる番匠川での二〇年以上前の目撃情報だという。平野さんは近くで「チョウセンカワウソ」を飼っていた人の話も聞いていて、情報に確証はなかった。

あらためて電話すると「生息環境は今もある」と平野さんは強調する。現在、佐伯市史の編纂のために資料を収集する中で、海側の旧鶴見町や旧蒲江町での生息記録を見つけたという。

ここは四国南西部と同様にリアス式海岸が続き、南下すると延岡市の海岸に至る。「オオカミや九州のクマに比べればカワウソのほうが可能性高い」というのは、平野さんに限らず、これらの動物について調べた人が口をそろえる。

高知で大規模調査が行われた一九七二年の二年後の七四年には、高知で調査を主導した辻康雄氏を招聘しての調査が延岡市の五ヶ瀬川の河口付近で行われている。また、熊本商科大学（現熊本学園大学）探検部のカワウソ調査が、日向市を流れる塩見川支流、富高川でおこなわれ、フンを採取したとの記載もある。ただぼくが国立国会図書館の検索で見つけたこの文献を、地元の山本さんは知らなかった。

延岡では、「夕刊デイリー」という地元紙が、こういったオオカミやカワウソ、九州では絶滅したとされるツキノワグマの記事を度々報道していて、斐太猪之介氏も「夕刊デイリー」に寄稿し、著書でも現地のカワウソ情報について触れている。繰り返すけど、延岡周辺のこれら情報について知っていたカワウソ研究者はいない。

「三〇年前だから一九九〇年ごろになりますか。三日おきにカワウソが死んでいた。尻尾は細く耳は小さい、コンクリートのくすんだような色。一発でカワウソとわかった。私は高知県の四万十川筋で育ってカワウソを見たこともあったからあまり珍しいとも思っていないし、おって当たり前と思っていた」

そう話すのは、山本さんに教えてもらって訪ねて行った建設会社の社長、土居洋祐さんだ。それ以前にも、池の中に置いたタイコの上にきれいに頭と骨だけ残して魚が置かれていたことがあったという。タイコというのは、電線を巻く丸い形のものだ。魚に身はついていなかった。死体は工場長に命じて敷地内に埋めたという。もちろんその場所を聞いたけど、工場長が亡くなり行方不明だ。当時は土居さんはネコが嫌いで、スピッツを飼っていたため、その犬がかみ殺したのではないかと推測している。

そのコンクリートの池は水が抜かれて昔のまま残っている。当時はコイやフナを飼っていたという。周囲は工場や駐車場などが散在しているものの、以前は田んぼが広がり、工場内まで溝が伸びていた。現在も敷地に隣接して濁った水路が流れて、大きな魚がゆったりと泳いでいた。水路脇の工場側の土斜面にはたくさん穴が開いて、カニがうごめいている。

「二〇年くらい前にアユかけの猟師も『ポンと飛び込んだけどあれは何じゃろ』と話していた。よう見んだけで必ずおる」

そう話す土居さんは、北川でも川沿いの建物から見下ろしたときに別の個体を見ている。

「下手から上に、川の真中より向こうでした。シルバーのようなねずみ色です。二〇メートルくらい泳いぐのを二〇秒くらいだったか見て見失った。いつだったかははっきりしないけど、工場で死体を見たよりも後のことです」

その建物が立っていた場所から北川を望むと、グリーンの水面で川幅はプールよりも広いくらいでゆったりと流れていた。


土居さんがカワウソを見た地点から北川を上流に国道一〇号線を進むと、日豊線の市棚《いちたな》駅に至り、近くの商店の橋本多都也《たつや》さんは、近在のカワウソやヤマイヌについての話を収集していた。土居さんや、近くの家田《えだ》湿原での近年の目撃情報も持っていた。橋本さんの商店で、安倍季宏《すえひろ》さんからヤマイヌの話を聞いたことがあった。安倍さんの暮らす川内名という小さな集落は、目の前に北川の支流、小川というプール幅ほどの川が流れている。

そのとき安倍さんがいっしょに話したカッパの情報が、どうも聞くとカワウソの生態とよく合う。しかし安倍さんにカワウソではないかと聞くと、「カワウソはいないけど、カッパはなんぼでもおる。カッパは知ってるでしょう」と強く否定した。

その安倍さんに、カッパではなくカワウソがいたところとして教えてもらった川内名から戻ってきて、北川と小川との合流点の二つ手前の橋のところ、安倍さんが「うそ越え」と呼んだ場所に車を止めると、川に大きな魚が泳いでいた。おばあさんが北川のほうへと道路を歩い

カワウソが目撃されたという北川

ていた。試しにそのおばあさんにカワウソについてきくと「一〇年ほど前まで三〇年、国道一〇号線沿いでドライブインをしていて、すぐ下の北川でカワウソが泳ぐのを見た」とあっさり返事があった。

「黒くて潜っていくのも見た。『あれは何じゃろね』、『カワウソや』と話していたね」

その小野京子さんのドライブインは、川内名から北川を橋で渡って一〇号線に合流するところにあった。ここから一〇キロ下れば土居さんがカワウソを見た場所に至り、三キロほど上流に向かえば大分県境、鐙川となる。

戻ってきて橋本さんの商店で北川の美しさをほめると「昔は『イダ日和』とか『イダがつく』とか言って、イダが大量に溯上してきたりしていた。そういうのがなくなったし、アユが減って小型化した。国土交通省が管理しなくなって川が小さくなった」と目の前を流れる北川の変化を、橋本さんは嘆いていた。延岡から豊後水道をまたげば、そこは四国南西部の海岸である。

情報はある。しかしすべての情報は聞き取りの範囲の検証にとどまっている。身近なところでも探せばもっと出てくるだろう。「ニホンカワウソかどうか」の判断は一発でつかなくても、本物のカワウソかどうかは、やっぱり見分けたい。

第6章　韓国でカワウソに会う

——昼間から遊泳

「いた」

雨の中、運転席の川上隆さん（仮名）が車のブレーキを踏んだ。運転しながらカエデの並木越しに、一〇メートルほど高低差のある土手の下を、道路と並行して流れる川を見ていた。

そんなに簡単に……と思いながら雨の中、車を降りて瀬を探すと、ほどなく川の中ほどを上流へと泳ぐカワウソを見つけた。望遠レンズをカメラにセットする。道路脇の側溝伝いにずぶ濡れになりながら追いかける。アシの茂る川の対岸近くのよどみを探ったり、流れ落ちる瀬を泳ぎ上がったり、周囲を気にすることなくゆっくりと溯上する。

魚をくわえる野生のカワウソ

「あ、魚をくわえてる」

浅瀬や岩の上に姿を現したときに見えた。さほど苦もなく捕まえ、咀嚼すると再び流れに入る。二〇〇メートル、カワウソの溯上を追跡したところで見失った。ずいぶん追いかけたと思ったものの、思ったほどは車から離れていない。時間は三〇分近く経っていた。

「体も大きいし、タマが見えたからオスだな。初日の昼間に見られるなんて運がいい」

川上さんが言った。真昼間に目の前を悠々と泳ぐ姿を見せられると、「夜行性の動物」という先入観を疑わなくていいのかという気になってくる。

ぼくたち二人は、宿泊地に向かう途上でたまたま目的の動物と遭遇した。ぼくは野生のカワウソをそれとわかる形で見たのは初めてだった。

それは日本ではなく、海を隔てた韓国で、だった。

――区別できなければ「いる」とは言えない

対馬でカワウソが録画され、栃木県那須町では川筋を泳ぐ未確認の動物に「すわカワウソでは」と大調査が行われた。確認できたのはミンクだったものの、「絶対いないとは言い切れない」(那須どうぶつ王国佐藤哲也園長)と生息の可能性を示すことでメディアの話題を集め、今までニホンカワウソなど考えたこともなかった人たちが現地に殺到した。ミンクの生息を確認したほか、実際に過去の生息についても情報が発掘され、本命ではないものの成果も挙げている。

この調査では、実際に「カワウソではないか」という動物がいたとしても、それを明らかにしようとする熱意のある人がいて、探索が話題になって注目を浴びてはじめて、正体が確かめられている。存在を確認するというのは、そんなに簡単な作業ではないのだ。

ぼくは長野県の南アルプスの麓の大鹿村に住んでいる。夜間に車を走らせていれば前を横切る動物はいろいろいる。でも、関心がなければたまたま見かけた動物がタヌキだろうがイタチだろうがさほど気に留めない。しかし「貴重な動物がいるかも」と人に言われれば探そうと思う。「ヒアリ」が話題になるとアリを見る目が変わるようなものだ。つまり目の前に情報があっても、客観的に鑑別できないと情報は埋もれてしまう。実際に、アンテナを高くすれば、わりと身近な場所でも、「カワウソ情報」は眠っていた。

でも眠ったままだった。

姿形はほかの動物との区別のみならず、同じカワウソでもユーラシアカワウソとニホンカワウソの区別をするにおいて重要なポイントだ。というか動物の区別は従来これでなされてきた。

これまでの遺存物の調査や過去の研究成果を踏まえれば、日本列島のカワウソは、大陸のユーラシアカワウソとは別の、独自の進化の過程をたどったということは言えそうだ。頭骨やDNAは、進化の過程では古いタイプのカワウソだと示唆している。

一方で、日本列島のカワウソが、大陸のカワウソとまったく無関係に発展を遂げたのかと言えば、横須賀市自然・人文博物館の個体を見てみると、もしかしたらそうでもなかったのではという気がしてくる。日本列島内部でも、ユーラシアカワウソのDNAを受け継ぎつつ、形態上はニホンカワウソの特徴もあるかのように、この個体は示しているからだ。ただ、それは実物があってこそ議論されることで、「実物」の存在自体に見当がつかないとなると手に負えない。

――「カワウソ博士」との出会い

実際、高知県西部の海岸で〝ニホンカワウソらしき動物〟が写真に収められた後も、土井秀輝さんたちの調査は現地で継続している。本人たちはそれがカワウソだと信じているから粘り強く続けている。対馬の動画のように「文句のつけられない証拠」があれば、世間も納得するはずだからだ。「実物」か、少なくとも動画や写真は重要な物証だ。DNAにしても、身体の一部やフンが入手できなければ最初から鑑定できない。

ぼくは分類学の手法については多少は知識を得たにしても、生態調査についてはまともにしたことがない。過去の国内のカワウソに関する文献を見て生態を参考にすることはできる。しかし「これはどこまで本当かな」と思うことはある。だからといって現物を見ないと確かめようがない。なので、取材は土井さんたちの目撃ポイントの周辺で、何らかの情報がないか聞いて回るというアバウトなやり方しかできなかった。

そんなわけで、二〇一八年の夏は、かつてのカワウソの生息地とされた高知県内の各所を自動車で見て回り、店や案内所に立ち寄っては、「カワウソについて調べています。見かけたことありませんか」と聞いて回った。どちらかというと、こっちが変わったものを見るような目で見られることが多かった。

あるとき、土佐清水市の久百々《くもも》川という小さな川の河口のうどん屋で、食後に同じことを聞くと店主は冷静に話しはじめた。六年ほど前に久百々川を泳ぐ「茶色っぽいイタチぐらいの動物」を見たというのだ。その上「だったら『カワウソ博士』のことは知っていますか」と聞き返された。それがそこからすぐのところの海端の一軒家に住む川上隆さんだった。

「高知県西部の川はだいたい歩いた。だけど一度もカワウソの痕跡を見たことがない。今でも情報があれば見に行くけど、やっぱりない。カワウソがいるのは点か線。フィールドワークはしやすい。それでも見つからないのはどういうことか」

川上さんは、穏やかな語り口調ながら、日本でのカワウソ生息については否定的だった。先のうどん屋さんの証言も「イタチでしょ」と気に留めていない。

「カワウソ調査を長くしてきた高屋勉さんの昭和四八年（一九七三年）ごろのメモを見たことがある。下ノ加江川《しものかえ》へ調査に行くと、三日で一週間分の痕跡が集まったそうだ。それはカワウソが豊富に生息している今の韓国と同じ状況だったと言える」

川上さんが否定的なのは、自身が韓国で実際のカワウソの調査を長年続けてきた知見と国内の状況が違っているからだ。もともと韓国に行ったのも「ニホンカワウソを見つけるために、カワウソの勉強をする」ためだった。韓国には八六年から通っている。当時すでに国内でカワウソの生息を確認するのは困難になっていた。八七年には一年半高知で暮らしてカワウソの調査をしている。しかし痕跡はなかった。

動物番組の制作など、テレビマンの経験もある川上さんは、過去の鑑定について問題提起した番組作成にも携わっている。八九年に放送されたニホンカワウソについての番組に協力したときには、過去ニホンカワウソと鑑定された動物の死体がハクビシンだと指摘したものの、放映はされなかった。

この指摘は一九九六年の行政主体の再鑑定でも確認されている。このとき再鑑定された二体の死体は、一九八三年と八六年に発見されたものだったため、最後の確認個体が一九七九年の新荘川のものに遡ってしまった。

高知に移住したのは一九九九年から。お連れ合いの父もニホンカワウソの在野の研究家だった。

大岐の浜近くに自宅を構え、「カワウソのおかげで嫁さんも見つけた」という川上さんは、「昔はここの磯先にもいた。捕まえて飼っていた人もいるらしい」という。かつてのカワウソ生息地の中心の土佐清水市に住む、まさに「カワウソ人生」だ。

義父から受け継いだニホンカワウソの毛皮も見せてくれた。韓国で採集したカワウソのフンとイタチのフンをそれぞれ取り出し、「イタチのフンは固いけど、カワウソのフンはすり合わせるとすぐに崩れる」と違いを説明する。たまたま立ち寄った先の「カワウソ博士」が、次々と豊富な知識を披露するので圧倒された。

なお川上さんの名刺には、「ユーラシアカワウソ調査・研究」とある。ニホンカワウソが独立種として、分類学上ユーラシアカワウソと区別されたのは、一九八九年の論文による。だから当時はユーラシアカワウソの亜種であることに異論はなく、なかなか見つからないニホンカ

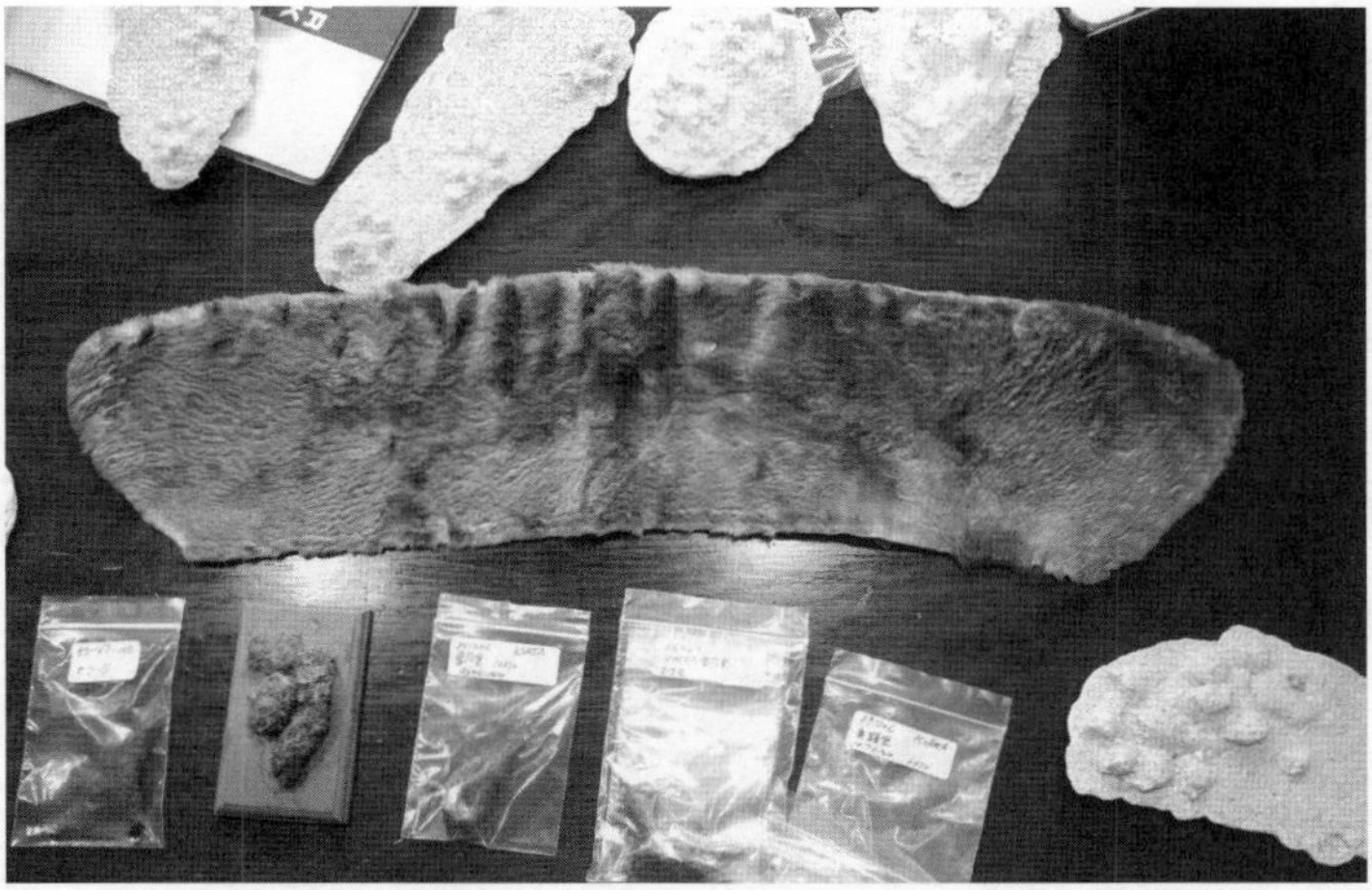

川上さんが義父から受け継いだカワウソの毛皮。ほかは韓国で得た足跡の石膏など

ワウソの調査のために、個体数の多い韓国に行くのは自然な発想だ。

川上さん自身もこの点の区別について重視はしていないようだ。現在の調査も「将来日本に移入することがあれば、自分たちの成果が役に立つはず」と意義付けている。

実際川上さんに限らず、多くの研究者がカワウソの調査で韓国に渡っている。しかし三二年間の調査には重みがある。

様々な話を聞くにつけ、分類学上の区別があるにせよないにせよ、やはり自分も一度カワウソを見ないことにははじまらない。そこで、翌二〇一九年五月のフィールド調査に同行させていただいた。

──「いない」と思う、その理由

川上さんと向かったのは、下関から車ごとフェリーで海を渡って釜山から三時間ほど。慶尚南道の内陸部、韓国一の大河、洛東江の支流だ。山間の小さな集落にあるお寺のコンテナハウスの宿坊をベースに、目の前を流れる、歩いて渡れるほどの幅の川が調査地だ。冒頭の目撃はそこに行くまでの道路沿いで一三時二〇分の遭遇だった。川上さんにしてもこんな機会はめったになかったようだ。ぼくは興奮して日本の家族に携帯でショートメールを送った。

そこに至るまで、買い出しのために立ち寄った六万人ほどの郡の中心都市居昌でも痕跡が見られた。川沿いの駐車場に車を置き、川上さんが川の四角い飛び石を渡りはじめる。対岸で川上さんが石の上を差し「カワウソのフンだ」という。見ると白化した動物のフンが乗っかっていた。周囲は低層のビルが立ち並ぶ繁華街で近くには市場もある。「こんな賑やかなところに……」と着いて早々驚かされた。

双眼鏡をのぞく川上さんは、中州の砂をカワウソがひっかいた痕跡を見つけている。カワウソの痕跡には見当がつくようで、それを「フィールドサイン」は自分から探すのではなく、勝手に向こうから目に飛び込んでくる」と表現する。

フンがあった川岸の岩。川は居昌の市街地を流れる

暗渠の入り口にセットしたカメラの下に多くの足跡を発見

ベースに至るまでの道々にも、ときどき車を止め、川面に向かって双眼鏡を向ける。それで冒頭の遭遇に至っている。運転しながらだから普通の人は見逃すのが当たり前だ。現在の調査地点も、そうやって川上さんが見たカワウソをきっかけに選ばれたという。

夜間の調査が中心になるものの、最初の数日は半年前にしかけておいた赤外線カメラの回収に川のあちこちに出かけていった。「ネヤ」と呼ぶ、カワウソが休む場所や、往来に使われそうな暗渠の入り口などにセットしている。川の中流は盆地になっていて、中心にはホテルや商店の立ち並ぶ街がある。カメラはそこからほど近い田園地帯にもしかけられている。

近年土手や河川内も改修が激しい。ところが川上さんについて改修されたばかりの暗渠の中に入ると、フンや足跡がそこかしこにある。「カワウソは里の動物」という川上さんの言葉が腑に落ちる。何より、いくら調査経験豊富な人についていったとはいえ、こんなに簡単に本物や痕跡に出会えると、「貴重な動物」という先入観自体が崩れていく。国内で痕跡が見つからないと「いない」と思う、その理由がわかる。

――簡単に見つかる？

「カワウソを天然記念物にしたのは間違いだったんじゃないか」

韓国での調査に同行して数日、川上さんと、後から調査に合流した相棒の津田健二さん（仮名）がそう話していた。津田さんも「カワウソは川を線で動くから待ち構えていればほぼ一〇〇％現れる」という。

たしかに、毎日のように三人のうち誰かがカワウソを見かけていた。街中の川でも痕跡がある。日没と同時に行動しはじめる個体は、橋の上で双眼鏡や暗視カメラのモニターを見ながら待ち構えていると、川を上下に移動する光る眼や波紋で「見る」ことができる。自分の中で「幻の動物」といったイメージがガラガラと壊れていく。

「野生動物というとひっそりと生活しているようなイメージがあるけど、カワウソはそうやない。エネルギーを無駄に使って不合理に行動している」

以前設置していたカメラのＳＤカードを回収しにいったとき、津田さんがそう説明してくれた。川上さんは三〇年以上、ぼくと同年生まれの津田さんも、川上さんと出会ってから優に二〇年近く調査を継続している。

「どいつもこいつもすごい毛並みがいいしみんな活発。たとえるなら米軍みたいなもん。エネルギーを盛大に使って行動する。水に飛びこんだイタチとして世界的に成功した」

カワウソはテンやアナグマなどと同じイタチ科の動物だ。その中でもカワウソの仲間は、オーストラリア、ニュージーランド、マダガスカル島、極地以外の世界中に分布する。

「水に入って魚がいればどこでも生きていける。フレキシブルなんやな」（津田さん）

川上さんによれば、オイカワやカワムツなど日本にもいる、いわゆる雑魚と呼ばれる淡水魚を、観察地域のカワウソは捕食しているという。実際、川上さんたちが撮影した動画や、自分でも見た個体を思い返すと、大きな魚を狙うというより、口にくわえるとちょうどいいくらいの小さめの魚を捕まえて、短時間のうちに次々と「拾い食い」（川上さん）している。

前回来たときにしかけていたカメラのデータを回収したり、川を歩いて痕跡を探したり、上流から下流まで数キロの範囲にたくさんある橋の上に夜間陣取って、川面をライトで照らしてカワウソを待ち構えていたり、毎日いろんなことをした。でもぼくは当初、受け身の指示待ちで、自分の行動がどうカワウソの出現や生態観察に結びつくのかが見えず、しんどくなった。調査終了後はお酒を飲みながら調査を振り返り、昼間は遅くまで寝ていてそれぞれ持ってきた仕事をしたりもする。食べ物は現地で購入したインスタント食品が多い。不真面目な態度で調査後に寝てしまったら、津田さんに「おれらが話しているときには話を聞いたほうがいい。あてずっぽうで最初は探しているわけだけど、それがどれくらいかわからないだろう」と言われた。

反省して情報共有の場に参加し、「カワウソは食べていないときはどうしているんでしょうか」「葦が生えていないような水路をカワウソは通らないんでしょうか」とポツポツ聞くようになると、二人は過去の調査でわかったことを教えてくれた。また観点は違っても同じようなことを考えていたときもある。ただ、カワウソの行動予測を立てること一つとっても、見当のつけ方に根拠がある。

「最初はなるべく広く網をかける」

二人は言う。カワウソが出現しやすい「ホットスポット」があることは過去の調査からわかる。ただ今回に関しては、以前よく見かけた場所で思ったほどの成果が出ず、川上さんが「思いっきり網を広げてみるか」と、上流の市街地近くで張り込んだ。近年開発が進んだ地域だ。

暗渠にしかけたカメラにも姿が写っていたし、周辺にも昼間フンや足跡を見かけることがあった。そんな中、夜中の調査も終わり間際に、川の合流点付近の堰の一つを見に行った津田さんが、数頭のカワウソに遭遇する。

どうやって彼らに遭遇できたのだろう。

二人は回収したSDカードのデータを雨の中でも現地で見ていた。性急にも思える。でも、直近のデータでカワウソの動向が得られれば、調査の方向性を決める材料になる。フィールドでは足跡を見る、フンを見つける、引っ掻き跡や体を擦り付けた砂の跡を見る。フンを見つけたら触って匂いを嗅ぎ、直近のものであるかどうか判断する。様々なものに目配せする。

ぼくもフンに顔を近づけて嗅いでみた。殻や骨が混じったフンは、海苔の佃煮のような独特の匂いがある。古いフンは触ると崩れ落ちる。痕跡があった場所で、川上さんは砂を撒いて均し、翌日来たときに再び痕跡がないか確認する。そうやって得たデータを日替わりで地図に落としこんでいく。

機器の進歩も調査の精度を上げているようだ。

「前は足跡がどっちを向いているかを見てカワウソの行動を予測した。それが強力ライトで長時間照らせるようになると、カワウソの姿を見ることができるようになった。センサーカメ

ラの導入で不在時にも映せる」（津田さん）

今回は四Kのハイビジョンカメラで、夜間の動画撮影も可能になった。

そういったあらゆる情報を総合し、かつ過去の調査で得た経験を重ね合わせて、わかったこともあるし、わからないことがわかることもある。「課題を書いた付箋をたくさん貼っているような状況」と、調査について津田さんが表現していた。川上さんもカヌーで川を調べ、津田さんは調査ポイントの周囲の水路などを丹念に見ていた。昼間も夜間の調査に備えている。

「宗像君もだんだんぼくたちと同じようになってきたね」

興味がだんだん膨らんでくるとともに、インスタント食品ばかり食べるようになったぼくを見て、川上さんがにやにやしていた。

――定説の再検討

「これがタール便だよ」

川上さんが指し示してくれたのは、川の中の岩に貼り付いた、松ヤニのような液体が固まったものだった。

カワウソもイヌやイタチがそうするように、自分の排泄物やあるいは分泌物を仲間とのコ

カワウソの「スプレイント」

ミュニケーションに使っていることはあるようだ。日本国内では、カワウソのタール便をとりわけ「スプレイント」と呼び、過去の日本国内での調査でもその発見が話題になったことがある。ただ、「タール便」だけがカワウソの生態を考えるときに重要なわけではなく、分泌物や排泄物全体を「スプレイント」として呼んだほうが実態に合うのではと川上さんは言う。生態が見えてくるとともに国内の定説や用語も再検討し直していく。

例えば、過去のニホンカワウソの文献を見ると、カワウソはテリトリーの中で泊まり場（川上さんたちは「ネヤ」と呼んでいる）を複数持って、そこを移動しながら暮らしているという記述に出会うことがある。川上さんといっしょにカメラのデータを見ると、ネヤと言えそうな場所にカワウソが来ているのはわかる。しかしそこにはほかの動物も来るし、来てすぐ立ち去っているように見える場面も映っている。川上さんたちはそれを「立ち寄り」と呼んでいる。個体識別がしにくいのもあって行動パターンが読みにくい。複数のカワウソが堰で同時にいたりするのを見ると、例えば一定の地域に入ってきた同類を排除するような意味で「縄張り」があるのかと疑問に思う。

今回は昼間でも魚を捕るカワウソを見ることができた。津田さんによれば、昼間にカメラに映るカワウソも一定数いる。一概に夜行性と決めつけるのもどうか。

「カワウソは葦の間にいるのが似合っているようだけど、実は水路のような人工的な場所が好きなんじゃないか」

二人が話していた。農業用水の水路をカワウソが頻繁に使っていることは予想できた。フンや足跡のような痕跡は、暗渠や水路だけでなく、親水公園や、さらに上流のダムの岸辺でも見かけた。日没以降は、タヌキやシカなどのほかの哺乳動物も見かける。ホテルのネオンや高速道路の騒音が身近な中で、毎日カワウソの情報に触れるようになると、たしかに「天然記念物」という表現だけでカワウソを特別扱いするのは無理そうに思えてくる。

――韓国と日本のカワウソがたどった道

「鳥の数は多いけど、種類は多くない」

以前川上さんたちの調査に加わった野鳥好きの少年は、そうここの自然を表現したという。調査地は、盆地の中央に田園に囲まれて温泉のある繁華な街があり、周囲は登山の対象にもなる山で囲まれている。夜間は五月にダウンジャケットが必要なくらい冷え、寒暖の差の激しい大陸的な気候だ。周囲の山の一つを登山すると、道を外しても落葉広葉樹の林は歩きやすい。動物たちには生きやすい環境に思える。

巨大な高速道路や高層マンションの林立する釜山のような大都市と違い、宿泊地近くの農村地帯では、家の周りに薪を積んでいて、荷台をつけた耕運機が各家にあった。バス停毎に最近整備されたトイレはどれも落とし便所だ。戦争による混乱によって開発が遅れたことも野生動物の生息環境の破壊が日本よりは軽度だった一因かもしれない。

韓国のカワウソが天然記念物になったのは一九八二年。「韓国のカワウソ保護のために私たちが果たした役割は大きい」と元東京農大教授の安藤元一さんは言っていた。カワウソの急減に直面した日本の研究者たちは渡韓し、日韓共同で九〇年代に韓国での調査が進んだ。「スダル（水獺）」という韓国語名さえあまりよく知られていなかったのが、今では自然保護の象徴としてカワウソがメディアでも取りあげられるようになった。

かたや日本。カワウソが特別天然記念物になったのは一九六五年。六〇年代から愛媛・高知を中心に保護策が取られてきたものの、二〇一三年に環境省は「絶滅宣言」を出した。そう思うと、川上さんたちが今日用いている調査の手法や知見が、当時の国内でのカワウソ保護に役立てられていれば、結果も変わっていたのかと想像する。

日本の自然は韓国に比べると標高も気候も多様で、それぞれの土地に適応したカワウソがいたとすると、やすやすと生態について統一見解を出していいのかという気もする。形態やDNAを見ても一系統だけのカワウソが日本にいたわけではなさそうだ。ただ、カワウソへの一般の理解が深まるより先に、生息数も生息地も急激に減少していったらしい。騒ぎになるのを嫌がるのは、漁業関係者だけでなく「カワウソ探検家」でも同じだ。知見は共有されにくい。

十分な調査が行き届くより先に、探すことが優先されれば、定説に裏付けを得るのは困難で、探すことにも先入観が入りやすい。そのため研究者間の感情的な反発を生みやすく、それも組織的な保護の足かせになったようだ。

――狭まる包囲網

川の合流点周辺の堰にカワウソは毎晩出没していた。果たしてどこから彼らは来るのか、当然湧く疑問だ。堰とその上流、支流の橋の上で手分けして待ち構えて、移動経路を確認しようとした。

「まさかのスカか」

支流のぼくの調査ポイントの空振りに津田さんが言った。予想外の結果に、昼間改めて周囲を歩くと、津田さんは合流点付近に流れ込む農業用水路でフンを見つけた。それ以外にもこの周辺には水路が張り巡らされている。それらを利用してカワウソが集まってきているのだろうか。包囲網が日を追うごとに狭まっていった。川上さんたちは暗渠や水路の出口すべてにカメラをしかけて謎を解明しようとしていた。調査がいよいよ盛り上がる。

「いっそのこと朝調査してみるか」

夜間のカワウソのその後を知りたいのもあって、川上さんの提案で、一足先にぼくが帰国する前日は、調査を朝に切り替えた。夜間の調査を早めに切りあげ、朝、同じように三カ所で待ち受けていると、携帯から堰の上流にカワウソが出たという情報が入ってくる。津田さんと車で、川上さんがカメラを構える場所に移動すると、川の真ん中で一頭のカワウソが時折水に潜りながら悠々と泳いでいた。

「開けるな」

車のドアを開けようとするぼくを津田さんが止め、車の車内からうっとりと観察した。後ろ髪を引かれる思いで、津田さんと二人でバスターミナルに向かった。

最後の遭遇体験を経て、このときの調査は、固定観念から自由になることができるなら新しい発見に出会う道が開けるという、言わずもがなの体験をぼくに学ばせてくれた。経験は発想の転換を妨げることはある。しかし経験は目的に近づくためになくてはならない。

情報が散在しながらも、確証が共有されないままの状態が国内では続いている。それを打開できていないのがもし問題なら、その原因は人間の側に多くありそうだ。

第7章　ニホンカワウソが見つからないわけ

――「いる派」愛媛の今

「これはもう確実にいますね」

愛媛県出身の俳優、藤岡弘が映像を見てコメントした。

二〇一九年九月五日にNHK愛媛の情報番組「ひめDON!」で「いる? いない? 愛媛の動物ニホンカワウソ調査」が放映された。番組では過去の生息地として知られている県南西部の無人島にカメラが上陸し、島内の林間で動物がひっかいた跡を見つけ、フンを採集している。カワウソが県獣でもある愛媛県は、国と違ってカワウソを絶滅とはしていない。実際どうなのか。

番組に登場してディレクターを案内した高校の非常勤講師で、ニホンカワウソの標本を世界一保管する愛媛県総合科学博物館の学芸課長だった千葉昇さんに直接お話を聞くことにした。それを高知でカワウソ探しをする土井さんたちに話すと、山を越えて博物館までやってきた。自分たちの調査結果を見てもらって、愛媛県側の関係者にも理解を求めたいという意図があった。

「間違いなく哺乳類。アシカやアザラシなどの鰭脚類《ききゃく》ではない」

土井さんたちが千葉さんと博物館の稲葉正和さんに調査報告をした後、最後に流した動画を見て、千葉さんが感想を述べた。

「カワウソだというのを否定できない。動画もそうだし、全体の説明からも矛盾しない」

稲葉さんもそう言って付け加えた。

「断言するためには標本……フンがあればより直接的な証拠になる」

土井さんたちはこの日、二〇一六年七月から三年間にわたる調査の成果をプレゼンした。その中には、土井さんたちが最初の目撃時に撮った写真以外にも、動物が海面から横向きに顔を出している場面の動画もある。それだけではない。

「釣りをしながら潮の流れを見ていると一定の傾向がある。つきあわせると朝方と夕方に現れるその動物の移動経路がある程度わかる。出現するのは大潮か中潮の日に限定されてもいます。グーグルアースと画像で頭の幅を測定すると一二〜一三センチ」

それ以外にも周辺の沢で採集したフンの画像や、土井さんが集めた目撃情報がある。

実のところ、土井さんたちの調査にこの時点で計三回同行したぼくもそれらしいものを見ている。二〇一八年の七月には七日間、土井さんたちの経験則から出現率の高い日に岸から前の海を見ていた。

七月二八日の朝六時二〇分ごろ、一人で起きてふと顔を上げると、岸から五〇メートルほど先の海面を左から右へと、二回沈み込む生き物の姿に気づいた。ここに何日もいると、土井さんたちが釣りあげるボラやウツボ、フエフキダイなどの魚以外にも、クジラや珍しいものが目に入ってくる。ポコンと頭を出して海に消えるウミガメもよく見かけた。だから背面を見せて沈み込むこの動物がウミガメでないことはわかった。

「じゃあ何だ」

土井さんはその直後、近くの岸で黒い動物が動くのを見ている。同じ場所で今年四月、仲間の坂本秀盛さんも、やはりウミガメではない動物のシルエットを見ている。坂本さんの知り合いはカワウソについて知らされておらず、「ウミガメじゃない。あれは何だ」と言ったという。話し好きのおじさんがやってきて、自分が持っているカワウソ情報を披露してくれたこともある。宮崎文男さんは、自分も若いころに釣りをしているときカワウソが魚籠をのぞいていたという経験を持つ。一〇年前に死骸を見た、二年前にカメラをしかけた人がいる、七年前にイカ釣り船から鳴き声を聞いた……次々に出てくるので、宮崎さんの車に同乗して一日、あちこち足を運んだ。

南の橘浦まで足を延ばし、実際に見た人に聞くと、宮崎さんが言うよりは全体的に一〇年ほ

ど前のことだったようだ。とはいえ生息の傍証にもなりうる情報だ。近くの浜は工場はあって

も旧集落に人気はなく、沢はカニがうごめいていた。

「一九九四~九五年に聞き取りをしましたが、愛媛県ではけっこう情報が出てくる。生息情報が最後まであったのは南西部の海岸です。今回は未調査の無人島に行けるならと取材に協力しました。フンは現在鑑定に出しています」

こう番組について説明する千葉さんも、「海で見たという情報は結構ある。だけど海にいた、飛びこんだというだけでは再現が難しい」と眉根を寄せる。千葉さんのニホンカワウソ目撃は道後動物園だ。しかし、「今やカワウソを調べる人が絶滅危惧種」と嘆く。

「愛媛県では二〇二四年にレッドデータブックを改定します。確認の最後の機会になるかもしれない。愛媛県最後の確認個体は、宇和島市の九島で一九七五年に保護されたもの。二〇二五年が絶滅の目安の五〇年にあたる。そういう意味でも瀬戸際」(稲葉さん)

愛媛県内で生息地として過去知られていたのは、佐田岬半島の阿弥陀池や愛南町の須ノ川だ。一帯は今、海水浴場やキャンプ場に変貌している。「また静かになったら、カワウソも戻ってくるでしょう」。千葉さんが呟いた。

後日、千葉さんからDNA鑑定の結果が「カラスバト」だったと聞かされた。千葉さんから

は「トリではないと判断していましたが、まさにトリでした。お恥ずかしい限りです。いいお知らせができるよう、あきらめないで探していきます」とメールが来た。

千葉さんが上陸したのは、愛南町の大浜の沖合に浮かぶ無人島の当木島《あてぎ》で、かつてはカワウソの住処として有名な場所だった。大浜は近年に至るまで目撃情報がある。番組では、ディレクターがふと林間の石の上を見ると、フンがあるのに気づいて色めき立つ場面が出てくる。「ウソのようなホントの話」だとよかったのだけど。

——ニホンカワウソの生息地を行く 「カワウソ王国」の今

かつてのニホンカワウソの生息地は現在どうなっているのだろうか。今においても生息の可能性はないのだろうか。カワウソが生息していた場所を見ることで、現在の調査のヒントになるものがないか。手がかりを得るために、四国に来たときには、愛媛県、高知県の現場を機会があれば見て回ることを心がけた。

土井さんたちが〝ニホンカワウソらしき動物〟を見た海岸から、宿毛湾を挟み愛媛県側が愛南町になる。ここは、大浜など南部の浜を抱える城辺町《じょうへん》、豊後水道に島のように突き出た西海《にしうみ》町、かつてはカワウソ天国だった須ノ川のラグーンのある内海村、カワウソ村が目論まれた銭坪のある御荘町など、かつてはカワウソの話題でにぎわった旧町村からなる。

愛南町には、一九六二年に愛媛県が指定した三カ所の特別保護区のうち、宇和海の大島以外の城辺、西海の二カ所が指定されている。

道後動物園の飼育個体のほとんどがこの地域の出身で、まさに「カワウソ王国」(勝手に命名している)だった。宿毛湾はかつては高知県と愛媛県が漁場を争ったと言われるほどイワシ漁で栄え、今も養殖いかだがあちこちに見られる。カワウソも食べ物には困らなかったろうけど、一九七八年を最後に公式には痕跡が途絶えたとされる。

現在、「しんじょう君」には知名度は劣るものの、愛南町のゆるキャラは、やはりカワウソをあしらった「なーし君」で、町役場のロビーにはカワウソの剥製がガラスケースに入れて展示してある。このカワウソは、一九五七年に西海町白浜でサルと争っているところを撲殺されたという。教育委員会でカワウソについて詳しい人はいませんかと聞いて教えてくれたのが高田義隆さんで、二〇一八年七月の暑い日に家まで行った。

「須崎で話題になった後、確実なのは一回。一九九一年の七月に篠川《ささ》の上流に、土用のウナギのために仕掛けを夜浸けていて、朝行くと針が陸の上に上げられてエサも何もなくきれいになっていた。そのときはカワウソと思わなかったのが、清水栄盛の『ニッポンカワウソ物語』を読んで、カワウソの習性がわかって、あれがそうだったのかと。水の中でエサを外すわけじゃない。カワウソ以外の動物はまずない」

高田さんは愛媛県の文化財保護指導員をしていて、倉庫の中に植物の写真がたくさん展示してあった。「愛南探検隊」という看板も置いてある。須崎のカワウソが注目を集めた後、「カワウソに夢中」になった。

高田さんからA四一枚のカワウソ情報のリストを見せられた。「多数の情報の中から明らかにカワウソと認められるもの」と冒頭に注意書きがあり、一九五九年から二〇〇七年まで、聞き取りと自身の体験も含め一一件の痕跡や目撃情報がある。

旧城辺町大浜が三件、旧一本松町篠川が二件、旧西海町の海岸で二件、それに高田さんが暮らす一本松町内の弓張池、大西池のため池で四件ある。年代もため池では、一九七〇年代から二〇〇〇年代まで一〇年おきに目撃されている。高田さんが最初にカワウソを見たのは一九七五年の弓張池でのことだ。

「田んぼのあらかきを終えて池の栓を抜きに行った。堤防の底に松丸太を入れていた。池の土手の底樋の上にスペースがあって、その出口のところで寝ていた。行くと足音に驚いて、起きてバシャンと音がして逃げていった。やけに長いタヌキだなと最初は思った。そのころはカワウソはそこら辺になんぼでもおるとしか思っていなかった」

高田さんのもう一つの体験談は、一九七七年に大浜で礫浜に上陸し、谷川へと溯上した痕を見たことだ。棒状の跡に左右に足跡がついていた。宮本春樹さんの『ニホンカワウソの記録』を見ると、大浜から宿毛の海岸線が、最後に残った生息地として見出しがふられている。千葉さんの注目もこの地域に向けられた。沖には当木島が浮かぶ。

宮本さんも、一九九二年の大浜の黒崎鼻での「有力な目撃情報」を本に記載してある。一九六二年に幼獣が捕獲されて飼育、一九七五年に浜でやはり子獣の死体が発見されるなど記録が続く。『ニホンカワウソの記録』では、南の宿毛市大藤島《おおとう》での一九七八年の痕跡が、この地域の確認記録の最後とされている。高田さんが痕を見た翌年のことだ。

この周辺の道路は海岸のだいぶ上を走る一本道で、人の近づけない磯や岸壁が続いている。大浜などの浜へはつづら折りの道をだいぶ下りていき、戸数の少ない地区にありがちな廃棄物の処分場がある。大浜は数戸の個数が残る今は寂しい礫浜で、黒崎鼻が左手に見える。ちょうど宿毛湾を挟んで大月側も似たような地形が続く。

高田さんのリストで三件の目撃記録がある大西池は、周囲に田んぼと民家が散在する。プール二つ分くらいのさして大きくはないホテイアオイの浮く平凡な溜め池だ。水鳥が見える。周囲にタヌキのためフンがあった。一九九五年と二〇〇四年にも目撃情報があり、高田さんはメモに「ブルーギルが高密度に生息していたが、カワウソらしき生き物が来てから『ブルーギルが釣れなくなった』と、ちかくの小学生たちが話していた」とある。

篠川の上流の目撃個所は、渓谷が狭まったゴルジュ状で、こういう谷は日本中無数にあるだろう。西海町の半島も一周してみた。海岸沿いの道路には今も「鳥獣保護区　特別保護地区」の看板が立っている。道路沿いに車が停めてあって、そこから磯に釣り人が下りていく。とはいっても、ここも道路は大浜周辺と同様だいぶ高いところを走っている。人が入らない場所はあるだろうけど、釣りポイントは地元の観光地図にもあり渡船もできる。以前は海岸沿いの狭い道を伝って半島に入るしかなかったのが、今は半島の中央を二車線の大きな道ができているので、陸からも観光客・釣り客は西海町に簡単に入れる。


「カワウソに夢中」の高田さんは、実際に映したいと思って二〇〇〇年ごろから赤外線カメラを買い求めるようになった。

「当時は六万七千円のものを購入したけど反応しない。一六～一七年前に三万くらいのものを四台買って、西海や大浜にあちこち据えた。二〇一五年くらいまで設置していたけど、もうおらん。エサが全然ないんだから。大好物のウナギが激減した。二〇一二年に文化財保護指導員として、八月末に県に『残っていないと思わざるをえない』と報告したら絶滅宣言が出た。文句は言えん」

それが高田さんの結論で、長年集めた情報も快く提供してくれた。すでに述べたように、開発の遅れたこの地域でも、観光開発や養殖で現在の風景はほかの地域と区別がつかない。

カワウソはアユとウナギの溯上に合わせて、夏は川にいるという清水栄盛氏の本の記述を高田さんは引用し、「川と海、両方使っていたのでは。海から上がるとすぐ池があるのが都合がいい」と説明する。大西池は海からはだいぶ離れているし、篠川の現場はずっと山間だ。カワウソの移動範囲からすれば大した問題ではないのかもしれない。都合のいいエサ場を見つけたら食い尽くし、そしてしばらく姿を見せなくなる。次の出没はないのだろうか。

高田さんが自然環境の問題に目を向けるきっかけは、ＰＣＢなどの化学物質による汚染がきっかけで、カワウソの減少についても農薬が与えた影響を指摘する。

「石油由来の発がん物質でどんどん野生動物がいなくなっていく。絶滅の理由はすさまじくある。母親のＰＣＢを取り込んでミンクが生まれなくなるという報告もあった。同じイタチ科のカワウソにも影響が出ただろう。七〇年代はカワウソを何回も見たという人がいた。だけどしゃべらない。しゃべると農薬が使えなくなるというのが理由。漁業者がしゃべるとたて網が使えなくなるのと同じ」

はじめて聞く話だった。それでも九〇年ごろまでは、残業帰りに田んぼの道を行くと全面カエルで埋まっていたという。

「朝行くと轍の分だけカエルがつぶされていた。いくらでもエサがあったのが、九一年ごろカエルがいなくなった。そのころ出た農薬の影響ではないか」

当時盛んに使われるようになったのが、ミツバチの大量死の原因ともされた、ネオニコチノイド系の殺虫剤だ。ニホンウナギやワカサギの激減にも影響を与えたという指摘もある。七〇年代に枯葉剤の与えた影響を彷彿とさせる証言だった。


西海町の半島から国道五六号線に戻ると、かつての湿地帯を埋めて完成した南レクプールや、不自然な観光道路が現れ、かつての南予レクレーション都市の名残を見ることができる。御荘湾にはロープウェイがまたいでいたという。

国道五六号線を北上すると、今も「カワウソ村」という看板が出ている。菊川沿いに道を入り、菊川の河口から少し行くと銭坪地区で、かつて「カワウソ村」のあった船隠《ふなかくし》と呼ばれる小さな入り江がある。真珠養殖に成功し立派な家が何軒かある。今は食事ができる観光施設になっている。愛媛県で唯一野生のカワウソの写真が、写真家の田中光常《こうじょう》氏によって一九六五年に撮影されたのもこの近辺だ。もともとハマチ養殖の生け簀にやってくるカワウソが網にかかったりして捕獲されていたのを、飼育観光施設にしようとしたのだ。一九六六年にオープンし、カワウソが逃げてとん挫した。

さらに国道を北上すると、道路脇に海と隣接する湖が見え、駐車場とともにキャンプ場が整備されている場所が現れる。そこが須ノ川だ。愛媛県の社会教育課長であり、文化財専門委員でカワウソ村や特別保護区を提唱して、清水氏とともにカワウソの保護施策を担った八木滋一氏は、須ノ川のラグーンを「カワウソ天国」と呼んだ。一九六二年に調査で訪問すると浜から何十筋というカワウソの足跡が見られ、フン、抜け毛、エビやカニの体の一部が散乱していたという。

陸側の湖を一周すると、湖岸はコンクリートで固められ、水の調整は水門でなされている。礫浜から防波堤を隔てて湖との間には森があり、カニが無数にうごめいていた。防波堤にも水路があり、カワウソが上がってこられないわけではない。キャンプの時期ではないときに訪問したので、比較的静かだったものの、観光地であることは変わらない。カワウソが戻ってくる日は遠いか、近いか。

――カワウソ探検

正直、高知に来るまで、ここまでカワウソの虜になっている人がいるとは思ってもいなかった。カワウソもおもしろいけど、かかわっている人はもっとおもしろくて足を運ぶ回数が増えていった。できればぼくが知ったり学んだりしたことが、彼らの役に立っていっしょに楽しめたならと感じるようになった。最初はそれほど思い入れの強くなかったカワウソに対する、それがぼくのアプローチだった。

何しろ、過去の文献を見ても、「カワウソ愛」から、調査や情報のやり取りについての統制や主導権争いはあったようだ。これはオオカミについても同じことが起きていた。カワウソの場合は生存を前提にどう保護するかという課題が行政の予算がらみで関係者に求められたから、カワウソにとってもっといい環境を作るには、逆に足枷にはなっただろう。

そんなわけで、カワウソ情報や、過去の生息地の現状についてなるべく場数を踏むようにして得た情報は提供するようにした。現地でカワウソにかかわる人たちの縄張り意識を意識的に避けることもできるし、薄っぺらいと言えるかもしれないけど、それで見えてくることもちょっとはあった。

一つは、過去の生息地と現在のカワウソホットスポットとの共通点だ。

愛媛県立総合博物館にカワウソの遺存物を調べに行った際、ぼくがカワウソのかつての生息地に足を伸ばすというと、学芸員の稲葉正和さんから、書き込みのある佐多岬半島の地図をいただいた。それは過去の文献をもとに、稲葉さんが地図上に確認個体や目撃情報、伝承も含めて、カワウソ情報を落としたもので、稲葉さんの熱意が伝わってきた。一九六〇年代を中心に、半島の付け根から佐多岬の先端までまんべんなくカワウソ情報がマッピングされていて、かつては「カワウソ銀座」(勝手に命名している)だったことがわかる。

国道は豊後水道に突き出す半島の背骨部分を縦断している。途中伊方原発を見に行くと、切り立った断崖が続く地域に無理やり原発を据えたのがわかる。半島は先端に至るまで人の近づけない断崖や岩礁が多くあり、海に流れ込む小さな川やラグーンもある。これらは大月町や愛南町、そして高知県西部の海沿いの地形とよく似ている。稲葉さんの地図を見ると、「オソ大明神」やカワウソの恩返し、オソ越え、オソのウドなど、カワウソに関する民俗や地名がふんだんにあり、カワウソが地元の人にとって、身近で親しみのある動物だったことがわかる。

半島の先端の岬には阿弥陀池という淡水の池があり、かつてはカワウソの生息地として知られていた。ここでの一九七〇年での清水氏の目撃が、この地域での最後の確認情報とされる。海とほど近い須ノ川と位置関係が似ている。海とは民家と海水浴場で隔てられて、けしてカワウソにとって今は住み心地がいいとは言えないかもしれない。ただオフシーズンだからか、池は静かだった。佐多岬から大分県佐賀関は指呼の間で、カワウソにとってこの海がどの程度障壁になったか疑問だ。関門海峡を抜ければ蓋井島がある。

佐多岬半島の付け根は八幡浜で、ここから大分行きの定期フェリーが出ている。陸を見ると上から下までのミカンの段畑で埋め尽くされ、かつての農薬の使用量はかなりのものがあっただろう。発電用の風車が林立する佐多岬半島の反対側には、無人島が散在しているのが見える。宇和海の離島の地の大島や日振《ひぶり》島はカワウソの生息地として知られていたものの、今も昔も、散在する無人島には調査の手は及んでいないだろう。そしてこういった地勢はリアス式海岸とともに高知まで続いている。

かつて四国の瀬戸内海側は遠浅の海が続いていて、それを江戸時代からの干拓で少しずつ埋め立てていったという。一方で、汐止水路が海岸沿いに建設されて、かえって豊富な魚介類の隠れ場所となって、カワウソに好まれたようだ。現在、西条市の海岸べりには、高度成長期に作られた臨海工業地帯の工場群が立ち並んでいる。今工場の合間に身をひそめるような干潟の広がりを見ると、カワウソがいるとは思えないのだけど、ここもかつてはカワウソの生息地だった。

一九六三年に捕獲された個体は、工場用地造成用の土管で発見されたという。そういうからには、追い詰められたカワウソが人工的な環境の中で、当時はそれでもしぶとく生きていたかのように思える。内陸に入ると、干拓の記念碑とともに田園地帯が広がり、ゲートボールをしているお年寄りたちにカワウソについて聞くと「それは南予のほうだよ」と言われた。

一方、旧吉野川の目撃地点や徳島で死体が発見された那賀川付近も川の河口に近く、農業用の水路が張り巡らされた地域だ。

旧吉野川の現地のことはすでに書いたけど、那賀川の現地にも足を運んでいる。立江川沿いの県道から川へは草斜面が続く。動物の移動は容易そうだ。漁協が「鮒の川美しく」という看板を掲げて、旧吉野川同様、水路に魚影が見えた。何より周囲に水田と水路が張り巡らされ、低い山々で囲われた地勢は、韓国慶尚南道での調査地周辺の地形とよく似ていた。

愛媛県で戦後カワウソが「再発見」された肱川、現在もカワウソ情報が頻発する四万十川、仁淀川はたしかにどこかの時代に護岸が進みダムもできているけど、険しい四国の地勢の山間を、ゆったりと流れる姿は時の経過を忘れさせるものがある。それは宮崎県延岡市に流れ込む北川や五ヶ瀬川も同じだ。もちろん、人が近づきにくい川沿いの藪や崖なども多い。多くの川で魚の減少は地元の人によって語られるものの、川に親しむ人たちや川漁を営む人たちが今も少なくないのは、人間にとっても、まだ川が楽しめ、生活の糧の一部にできる程度の自然環境が維持されているからではないか。

もう一つ、現地を歩いて気づくのは、共通点とは逆に、カワウソの生息個所とされた地域のバリエーションだ。

ラグーンや干潟、水路の発達した盆地、ため池、海沿いの荒磯やそこに流れ込む小川、それに大小河川と、要するに水があり、食べ物があるところならどこにでもいる。エサを求めて「水に飛び込んだイタチ」なんだから、食べ物がありそうなところには積極的に飛び込む。

これは現在カワウソの生息状況と生態が一定程度解明されている韓国でも言えることだ。ぼくは川上さんたちと、日本とよく似た農村地帯で、人が渡れる程度の川幅の、人家もまばらな渓谷で観察をはじめた。しかしむしろ上流の、ネオンが望める町の郊外でカワウソが毎晩観察できた。高速道路をくぐり、田園地帯を抜けてさらに上流に向かうと、山間にダムがあって、地元の釣り人に聞けば、カワウソは当たり前にいるということだ。さらに最初の観察ポイントから下流に向かえば再びダムが現れて、そこもカワウソはいるだろう。

魚がいて捕まえやすいところなら、カワウソはどこにでもいる。日暮れとともにすごい勢いで川を泳いで移動していくカワウソを見ると、エサのありそうなポイントに積極的に移動し、同じ場所でひもじいままにノタノタとずっとい続けるようにも思えなかった。愛南の大西池に現れたカワウソは、魚を食い荒らして去っていったようだ。

そうやって考えると、現在の生息可能性は今情報の上がるホットスポットだけに限らないと考えたほうが妥当だと、最後に思わないではいられない。

たしかに一時的に生息環境が悪化し、慣れ親しんだ故郷が決定的に破壊され、あるいは仲間が極端に少なくなって地域で絶滅することはあるかもしれない。しかし、ホットスポットと同様の海岸べりの地勢や川、湖沼、水路などは、多くが開発されているとしても、四国だけでもまだあったし、日本中には四国ほどの条件が整っていなくてもまだまだたくさんあるだろう。開発されても食べ物があれば生きていける。実際に、今までまともな調査がなされていなかった対馬ではカメラに映ったし、五島列島では一九八〇年代までの情報があり、ノーマークの吉野川でも目撃された。研究者は誰も目をつけていない宮崎県延岡市周辺では、一九七〇年代から近年に至るまで、多くのカワウソ情報を掘り起こすことができた。

延岡は豊後水道を挟んで大月の対岸だ。高知の海はつながっているし、高知県の河川は入り組んでいて、山を越えればまた別の川の支流に出るような場所が多い。「ウソ越え」と言われるように、カワウソは峠を越える。生息地が一つの河川に止まるとは限らない。

韓国で調査を長年続けてきた津田さんは、観察地近辺の川の支流はたいがい溯っていて、「どこまでも痕跡がある」と言っていた。「不合理に行動する」という津田さんの言からも、一時は個体数を急速に減らしたカワウソが、現在ほかの野生動物同様個体数を増やし、生息地を広げているのではないか。今までの経験や情報を検討すれば、ほかの地域にもはやカワウソがまったくいないと考えることのほうが難しい。そして、あなたの身近な場所であっても、真剣に探せばカワウソ情報が上がらないとも限らない。

——なぜ見つからないのか？

二〇一九年、二〇一六年六月の青森県十和田湖畔でのカワウソ目撃情報をもとに、クラウドファンディングが呼びかけられた。目撃した小川貢さんは、街に買い物に出た帰り、ザーザー降りの嵐の中、深夜一二時過ぎに、湖側の右側のガードレールの下にいるその動物を運転席から見た。「十和田湖の波がザッパンザッパンと立って、モリアオガエルが死んでいた」という。

「環境調査の仕事の経験もあって、キツネやオコジョ、イタチではない。ミンクはこの辺にはいない。尻尾の付け根が太く、先端は細くなっていて胴と尻尾の比率が近い。動物園で見たカワウソと同じでした」

小川さんが当時の様子を語る。

「足が短く胴長で、歩き方はユーチューブを見て確認しました。でも証拠がなければツチノコを見たのと同じ」と調査のための募金を呼びかけたものの、関心を呼ばなかった。

現地は奥入瀬渓谷沿いの道が十和田湖に合流する子《ね》の口から南に少し行ったところ。道路の下を沢が土管でくぐる付近から湖畔に下りると、玉石が敷き詰められたような湖岸から望む水面はキラキラと光っていた。

「十和田湖くらい自然状況が良好に残っているところはありません。私はアセスの仕事もしているので隅々まで調べました。北側は道路もなくオオクワガタの新種が見つかったこともあります。人の手が届かない場所がある。ワカサギの大群はいますし、サクラマスやヒメマスもいる」

十和田湖周辺にはアイヌ地名が多い。かつては狩猟・採集生活が営まれていたのだろう。小川さんは十和田湖の豊かな自然環境を楽しんでもらう、レジャーボートツアーの仕事をしている。田んぼもあるものの、観光関係者以外では民家の戸数も少なさそうだ。小川さんはほかの目撃情報も教えてくれた。

「六年前に、キャプテンが小倉半島の先端部の西側の入江でラッコのような動物を見た。すぐに潜ったと言います。岸からけっこう離れていたそうです。そこはいつも西風が吹くところで、春はワカサギが大量に打ちあがります。それを狙って、テンやイタチ、ノスリ、タカが来ます。歩いては行けませんし、もし何かいてもみつけられないでしょう。十和田湖でも過去にはカワウソの生息記録はあります。環境は昔に戻りつつある。いてもおかしくない」

小川さんが生息への期待を寄せる根拠だ。

「写真がないだけで、日本にはまだどこの県でも薄く広く生息しているのではないでしょうか。生息情報を聞かれた都道府県を教えてください」

対馬の取材で知り合いになった山村辰美さん（ツシマヤマネコを守る会会長）はツシマヤマネコの保護だけでなく、地元のカワウソ情報も掘り起こしていた。土井さんたちとも情報交換してぼくにそんなメールを送ってきた。

明治のはじめには荒川でカワウソが確認されたというのはよく引用される情報だ。東京の山岳雑誌の編集部でカワウソの話題を出すと、編集長のYさんが、「市ヶ谷の駅の近くで見た」と言ってきたこともあった。周りの編集部員は「ハクビシンだ」と言っていたものの、本人は「釣り堀があるじゃないですか」と反論していた。

先に少し触れた博物学者の直良信夫氏の業績を紹介した『直良信夫の世界』には、現在カワウソの研究者が触れないカワウソ研究がまとめてあり、それを見ると、直良氏は東京上野の松坂屋の屋上で一九三〇年代に飼育されていたというカワウソの観察記録を残している。この記録は『日本産獣類雑話』（一九七五年）に収録されていたものだというから、これがニホンカワウソだとすると、道後動物園以前にニホンカワウソの飼育がなされていたことになる。『直良信夫の世界』では、生体記録とともに隔年の出産も記録されていて、上野動物園にも売却されたという記録があったという。

それがその後の乱獲などで人前から姿を消して二〇一二年の「絶滅宣言」に至る。しかし、その二年後にもこんな情報がある。

「二〇一四年九月六日の夜七時ごろ、宮城県二口山塊大行沢の避難小屋の少し上流のナメの中です。『おい、こら、お前、ここで何やってるんだ』という声が聞こえました。こんなに真っ暗な中、下から人が溯行してきたのだと思い、飛び上がるほどびっくりしましたが、人が上がってくる気配はなく、なんだ、気のせいかと思っていたら、別の小沢の方から小さな動物が飛び出して来て、本流の沢の中をスッスッスーと走り去って行きました。だいたいの動物は沢を横切ると思うのですが、沢の中を登っていくのは後で調べたらカワウソなのかも。耳が立ってなくて、のっぺりした顔。体つきはうねうね動くような感じでした。ライトを当てたら目が光りました」

この情報は登山雑誌の「岳人」（八二五号）に収録された、登山家の丸山尚代《ひさよ》さんの体験談を見て、ぼくが問い合わせた際の回答だ。

ニホンオオカミの取材で知り合いになった、北海道札幌市に暮らす設楽善弥《ぜんや》さんは、メールで何気なく「五〇年前に旭川に住んでいたときにカワウソを見た経験があります」と書いてきた。小学生のころ、五六年前のことだという。

「旭川の北、鷹栖《たかす》町のオサラッペ川に注ぐ支流の沢で見ました。旭川と鷹栖町の間にある春《しゅん》光《こう》台という高台ですが、現在は宅地です。カワウソを見た沢は現在の高速道路のあたりです。当時の春光台は鷹栖側と旭川側の水田に挟まれて残った未開拓地でした。一〇〇メートルくらい斜面を駆け上がっていくのを見て、尻尾が根本が太くて長かった。全体で六〇センチくらい。ほかの動物は見慣れていたからイタチやテンじゃない。理科クラブの友達三人で見て、先生に聞きに行って『カワウソだ』ということになった」

旭川では、一九八九年に神居古潭の道路脇で、体調一・一三メートルのカワウソの交通事故死体が見つかり、専門家の解剖、鑑定の結果ユーラシアカワウソの仲間であることはわかったものの、産地は特定できなかった。ただしこの個体は飼育個体が放たれたものとして片付けられている。さらにこんな話もあった。

「最近札幌の犬友と話していて、三人から豊平川の川べりでカワウソらしき動物を見たという話を聞きました。一人は三〇年ほど前の話なのですが、二人は最近です。札幌でも市内で中大型犬が走れるのは河川敷しかなくて、毎日散歩に行くようになって目撃されているのだと思います。ふたりともミンクやテン、アライグマなどは以前から見ているのでそれらと混同しているのではないと思います」とあった。

設楽さんは「逃げ出した飼育個体の可能性もありますが、ヒグマもクマゲラも増えてますからカワウソも増えてるのかも」と付け足してあった。

直接本人からぼくのもとに入った近年のカワウソ情報はほぼ紹介している。まとめれば高知県のほかには、徳島県、青森県、宮城県、宮崎県ということになる。

さらに、戦後というくくりで愛媛、高知を外せば、北海道、大分県豊後大野市、佐伯市、福井県おおい町が直接本人の体験談で、最近の研究や報道を含めれば、長野県黒部源流、大鹿村、長崎県五島列島が付け加わる。ほかにも高知でカワウソを探している人や愛媛県には情報が入っているそうなので、もっと数が増えるだろう。こういった話があちこちに眠っているのは、愛媛、高知以外では「いない」のが前提で、たとえ情報があっても精査されないからだろう。

「もともとカワウソは賢くて嗅覚の鋭い動物です。明治期以降の毛皮目当ての乱獲により絶滅したと思われるほどに個体数を減らしました。今生き残っているのはそれを凌いだ、とりわけ警戒心が強いものの子孫でしょう。目撃情報のあった場所にカメラを仕掛けるだけでは簡単には映らない」

現状をそう見通すのは、土井さんたちの調査にも加わった岡山県のナチュラリストの青山郷さんだ。今は別の場所で独自の調査を続ける。

「人は見える部分しか意識しないために、目に見えない存在を見落としていることはよくある。何よりもカワウソは夜行性、情報がない地域でも実は『いる』ということはありうる」

韓国のように、保護が定着し人が危害を加えないことを学んだカワウソが、調査初心者のぼくにも昼間観察できたのと違い、「いない」と思われている国内では調査に協力も得られず、韓国と比べれば段違いの労力と知恵も使う。だから韓国でカワウソの知識を得た人も情報を精査するよりも「いない」と結論づけたくなる。だけどそれは「いない」ことの証明とはほど遠い。

第8章　再び対馬へ

――黄柳野高校グレートアース、ツシマヤマネコ探検

二〇一九年一一月五日、ぼくは再び、対馬上島の環境省「対馬野生生物保護センター」を訪問した。雑誌「Fielder」の取材で、愛知県新城《しんしろ》市の全寮制の小さな高校、黄柳野《つげの》高校の野外体験授業「グレートアース」に同行したのだ。

この授業では、日本を代表する渓谷探検家の一人、成瀬陽一さんが一年間、海・山・川での多彩なプログラムで、全校生徒を「冒険」に誘う。今回は対馬ヤマネコ探検で、その保護飼育の拠点でツシマヤマネコについてのレクチャーをまず受けた。

現れたのは白髪のおじさんの山村辰美さん。ツシマヤマネコを守る会の会長だ。高校生たちにスライドを見せながら、「ヤマネコは対馬では田猫とも呼ばれます。休耕田を七〇アール借り上げ、ヤマネコのエサとなる小動物を増やそうとしている。七〇ヘクタールの土地を買い上げてサンクチュアリも作った」と活動を紹介した。

ところが、最初に見せてくれたのはヤマネコではなく、話題のカワウソ動画だ。全員目が点。しかもそのお宝動画は山村さん自身が撮影したという。実地調査と対馬の自然に対する深い洞察を背景にした説明は、カワウソやツシマヤマネコに止まらなくて、情報量で頭がパンパンに

なった。

翌日、山村さん曰く「対馬でもっとも自然豊か」な田の浜に向かう。前回ぼくが来たときにも、ここで乙成フクエさんからカワウソの聞き取りをした。山村さんのカワウソ情報のリストにも入っていた。ここには湖があり、湖畔にはツシマヤマネコの足跡やフンが見つかった。無数の渡り鳥が羽を休める中、ナベコウという大きな鳥が悠然と電柱に止まる。黒い姿のコウノトリの仲間のこの鳥は、日本への飛来は極めてまれで、その姿に時と目を奪われた。

「『ドボン』という音がした」

この日の朝、生徒の一人が宿泊施設にしていた野鳥の観察施設の近くの佐護川でそんな体験をした。川に飛び込む動物はそうそういない。


環境省は二〇一九年六月、これまで遺伝子から把握されていた三個体とは別の一個体が生息していることを公表した。「四匹とも遺伝子が韓国南東部に生息するユーラシアカワウソの特徴と一致し、約五〇キロ離れた韓国から流れ着いた可能性が高い」という見解が今回も繰り返された。

「そんなわけない。カワウソはもともと対馬にいた」

山村さんが首を振る。山村さん自身も子どものころに近所の人が見慣れない動物を囲んで騒いでいるのに出くわしたことがある。「今考えるとあれはカワウソだったのでは……」。山村さんがカワウソについて折に触れて情報を集めはじめたのは、二〇一七年の環境省の発表のずっと以前だ。それに仮に対馬のカワウソが韓国のカワウソと同じ遺伝子を持っていたとしても、もともと対馬の生物層の一角は大陸由来のものだから、韓国から泳いできたという根拠にはならない。環境省の定義では、日本国内のカワウソは「ニホンカワウソ」なので、土着のカワウソならニホンカワウソと言ってもあながち間違いでもない。

「川を横切るんじゃなくて上流に向かって泳ぐのを近所のおじさんが見た」

「生徒二人がビーバーが三匹泳いでいるのを見た」

山村さんが佐護川の流域で車を止めるごとに、次々に目撃情報が提供者の名前とともに披露される。目撃した年代も満遍ない。一〇件ほどの聞き取りをしていた。そして目撃情報の集中するポイントの近くで山村さんは動画撮影に成功している。そんな中、韓国からカワウソを導入するという話が対馬でも浮上した。

「対州馬《たいしゅう》も本土から来た獣医の種付けで純粋とは言えない。それと同じことになる」

山村さんは対馬在来の品種とされている対州馬にカワウソを重ね合わせ、これにも反対を表明した。普通に考えても、同時期に同じ島で四個体もいれば、漂流という偶発性を根拠にするのは、勝率が高すぎるように思える。

一方気になるのがカワウソの生息環境だ。佐護川では水のない川底があちこちで見られる。護岸工事をしたため、水が伏流水となり川底が現れる。前年二〇一八年八月には「五〇年に一度」と言われる水害が起き、工事はむしろ加速しかねない。山村さんの撮影ポイントの近くでは、川の真横に新しい川底が護岸され、こうなるとカワウソの生息環境そのものがなくなってしまう。

——カッパもいる？

山村さんが、草刈り作業中の住民一〇人以上がカワウソを目撃したという、仁田川の現場を案内してくれた。山村さんによればカワウソの好物のカニの籠をつけるポイントで、カニの甲羅が岸に散在していた。自転車で橋を通りがかったおじいさんを山村さんが呼び止めた。この人も目撃者の一人だった。

「わしのおじいさんがカッパと相撲をとった」

そんな馬鹿なと思うけど、山村さんはまじめに聞き入っている。

対馬では一九八五年に厳原《いずはら》にある旧対馬藩の船着き場「お船江《ふなえ》」で「カッパ騒動」が起きている。子ども向けの雑誌「小学三年生」は現地取材で一メートルほどの人影が「うす暗い道をスイスイと泳ぐようなかっこうで、両足をぺたぺたとならし」て歩いていたという目撃情報と足跡の写真を紹介している。この雑誌は対馬各地に残る九つのカッパ伝説を紹介する。現地取材した記者は「カワウソの仲間の未発見の新種ではないか」とコメントしている。当時はカワウソは絶滅種ではなかった。

山村さんは「カッパはカワウソとは違う」と断言する。山村さんにも「カッパが魚を運ぶ馬の尻尾をつかんだ」という昔話の現場に連れていってもらった。「伝説上の妖怪」という固定観念がぐらぐらしだした。

カワウソの取材中にカッパの話を聞くのは二回目で、宮崎県延岡市の川内名地区の安倍季宏さんのカッパについての証言を先に紹介した。安倍さんの家は、北川の支流の小川沿いの道路脇に立ち並ぶ家々の一番川上にあって、その先はお墓があり、沢と山手に続く小道が道路から分ける。どうも山手に伸びるこの道が「カッパの通り道」だというのだ。

「姪っ子が墓参りに来たときに、『ここはカッパが通るやろ』と言っていた。大水のときは夜九時ごろヒョーヒョー鳴いてカッパが上がっていった。母親はここの上でカッパと行き交ったことがあって『近くじゃきれいな声じゃない』と言っていた」

カワウソがホイッスルのような鳴き声を出すというのはよく言われる。安倍さんが言うカッパの「生態」はカワウソをカッパに思い込んでいるのではないかと思えた。実際、カッパはカワウソがモデルだとも言われる。それを言うと、「カッパとカワウソは違う。あんたカッパを知らんのか」と馬鹿にされるのだった。そういえば山村さんにも「世間知らず」という口調で言われたことがある。

「カワウソはもういないけど、カッパならなんぼでもおるよ。カッパは昔のほうが多くて少なくなった。カワウソはフンをするところを狙われて撃たれた。カワウソは逆毛がない」

そう言ってカワウソがとれた場所として教えてくれたのが「オソ越え」で、そこでカワウソ情報を持つ小野京子さんに出会った。

一方、「カッパはチャポチャポ音がしてナギリ（波紋）が立たない。牛を飼う草切場に行く途中で、カッパが水面を立って歩いていた。それは昭和三〇年より以前のこと。昔からおって普段は人には見えん。子どもは純粋だから見える。五キロ上流の同級生は、『カッパがしょっちゅう通りよった』と言っていた」と、やはり普通の動物としてくるのは難しいようだ。

これを「妖怪」や「物の怪」と呼ぶのが適切かはわからないけど、安倍さんはそうではないという。とすると、すべての生き物やそれに似た類のもの、不可思議な現象について、科学の光が及ぶ範囲はさして広くはないのではないだろうか。山仕事をしていた安倍さんはほかにもこんな話を聞いている。

「木を切り倒すような音がしたときに、主任は『それはカッパ。カッパが真似をする』と言っていた。椎葉《しいば》の組はカッパは蜂の子が好きと言っていた。昔の人ほど詳しい」

また安倍さん自身も、目の前の小川で川漁をしたときにカッパ体験をした。

「夜《よ》さりと言って、夜、懐中電灯を出してアユを突きに行くんじゃが、父親と行っていたときは、カッパが出るとすぐ帰っていた。あんたも一人で来ると体験できるで。二〇年前に息子と行ったときにもあった。

たて網を張っていて、俺と息子が上向きに、いとこが下向きに魚を泳いで追いよったとき、息子は『何かおるね』と言って上がってきた。目の前でバシャバシャしていたという。指を指すと向こうでドボンと飛び込んだ。そのときは五時ごろヒョーヒョー言っていた」

これがカワウソのことだとすると、有力な生息情報なのかもしれないけど、カッパだとするといても見えないということになるのだろうか。

延岡の安倍さんと橋本さんのところでは、山姥が罠にかかったという話があり、大分側の北川の支流の藤河内では、白い服を来た若い女を見た人がいるというのは、地元では知られているることで、民俗学者の千葉徳爾がそれを書き留めている……というような話を高知の土井さんにすると「あんまりそういうの言いすぎると、科学じゃないと言われそうだなあ」と言っていた。だけどぼくたちは、学者が「いない」というものを科学的に立証しようとしていた。

――苦戦する調査

二〇一六年八月、カワウソ探しをする土井さんと大原さんに高知駅前でインタビューして目撃地点の情報を教えてもらい、すぐに現地まで足を伸ばした。そして二〇一七年の一一月には、土井さんたちといっしょに大月町の調査地でいっしょにカワウソの出没を待ち、海岸縁にテントを張って、朝晩海を見つめていた。そのころぼくは東京から長野に移住していて、それから毎年のように、高知の大月町の海まで来るようになっていた。

二〇一七年八月一八日、環境省と琉球大学が、二〇一七年二月六日の動画映像をもとに、対馬でのカワウソの生息について記者発表した。カワウソへの関心が一気に高まり、ホームページでカワウソの調査についてアップし続けていた土井さんのもとにも、たくさんの問い合わせがあったようだ。土井さんによれば、ページのアクセス解析をすると、琉球大学からのアクセス数が多くて、どうしてだろうと思っていたら記者会見がされたのだという。研究者の目からしても土井さんたちの調査の帰趨は当初から注目されていた。

同年七月、高知県はレッドリストの改定案を発表し、ニホンカワウソは引き続き絶滅危惧種のままだった。絶滅種にするかどうかの検討もなされたようだけど、「目撃情報が現在も報告されている。絶滅したかの判断が困難」と見送られた。

ぼくは土井さんたちの調査に同行するようになってからすぐに、結果を記者会見などで発表するように促していたし、それを期待して雑誌にも売り込みをかけていて、「Fielder」で連載をはじめることができた。

もちろん一つには、そうすれば記事が売れやすくなるということが念頭にある。もう一つの狙いとしては、記者会見で目撃情報を公表することで、カワウソ生き残りに対する注目を集め、情報が集まってくるのではないかという期待があった。それは、自然保護のためにカワウソ情報をぼくに提供した土井さんや大原さんたちの思いに叶うように思えた。

報道発表によって「公開捜査」的な状況が作られ、それによって情報が集まってくるのは、絶滅宣言時に愛媛県が目撃情報の提供をチラシやホームページで促したときに見られた現象だし、ニホンオオカミや九州のツキノワグマでも、同じようにマスコミ報道で情報が提供されていた。

実際、高知に行って地元のカワウソについての話を聞けば聞くほど、そして日本国内のカワウソについて注意を向けて調べれば調べるほど、この動物に関して言えば、対馬の山村さんが言ったように、今も国内各地でどこかに少数ながら生息しているのではないかという思いを強くするのだった。生息調査にしても、行政がかかわったものとしては、高知県と愛媛県でしかなされていない。

しかし記者会見をするには、土井さんたちの目撃は複数人で具体的であったとしても、画像自体は不鮮明で、客観的な立場からコメントできる専門家が同席してくれれば心強かった。実際、ニホンオオカミの場合、ニホンオオカミ研究の第一人者の今泉吉典氏の鑑定意見があったとしても、民間人がおこなったニホンオオカミらしき動物の写真発表について、その後イヌとの見間違いだとして、強いバッシングにさらされている。

ところが、研究者が実際に野生のカワウソについて国内で見たものとしては、シーボルトが江戸参府の一八二六年に佐賀県の筑後川近くで、偶然目の前で小川に飛び込むカワウソに出会ったものと、直良信夫氏が一九四〇年に大分県の野津市川でカワウソを観察したものぐらいしか、カワウソが保護と調査の対象になった一九五〇年代以前では記録が見当たらない。

一九五三年に、愛媛県の肱川でカワウソが「再発見」されて以降、清水栄盛氏など研究者たちが野生のカワウソについて実見したり、情報を整理したりしてきたものの、過去野生のニホンカワウソの姿を見て今日専門家として健在なのは、一九七二年に高知の大月町でカワウソの写真撮影に成功した今泉忠明氏と、やはり一九七二年に土佐清水市での調査でカワウソについての詳細な観察記録を残した兄の今泉吉晴氏しか思い当たらない。

研究対象以前に見つけること自体が課題なわけだから、ニホンカワウソの専門家と呼ばれる人が国内にいるわけではない。その上、環境省が「絶滅宣言」を出したものだから、それを覆す事実の評価は辛めになって、結局土井さんたちはより確実な証拠を見つけるために、その後四年間にわたって調査を継続することになった。

ところが、土井さんたちの調査は翌年の夏以降、苦戦を強いられることになった。

二〇一七年七月に、カワウソがいると知らずに、土井さんたちがカワウソ観察を続けていた岸で釣りをしていた釣り人のエサのイカに、カワウソが食いついたのだ。このときの様子は土井さんたちが映像に映していて、後に公表している。竿が大きくたわんで海面に生き物の姿が見えた次の瞬間、竿が伸びている。ぼくも現地で土井さんたちに教えられて、直接、やはり釣りをしていた本人にこのときのことを聞いたけど、当たり前だけど言葉を濁された。

土井さんたちによれば、糸を切ってカワウソが逃げ、その後、この海岸でのカワウソの目撃情報が激減している。土井さんたちの調査は、この海岸での目視と撮影にエネルギーを集中していた。実際いっしょに行くと、一見釣り糸を垂れてカモフラージュしつつ、土井さんはテントの下に数十台のカメラを据え、どこにカワウソが現れてもいいように万全の体制で海をにらんでいた。しかし現れなければ映りようがない。

土井さんたちは、二〇一七年から高知大学の町田さんら地元の研究者や動物園の園長などにプレゼンし、二〇一八年六月には「カワウソとの共存を考える会」を有志で作って「再確認」をにらんだ協力体制を模索している。関係者の中からは「カワウソ八策」という、カワウソ再確認後の保護や地域との連携のあり方が提案されていて、また環境省やメディア対応などについての事前協議もなされていた。公表は「絶滅宣言」の大元の環境省抜きでなされることが前提だった。

そんなわけで、独自に土井さんたちにくっついてちょろちょろしていたぼくは煙たがられた。成川さんはこの会には入らず、ぼくが面談を申し込むと断られた。成川さんはクラウドファンディングで資金を集めて新しく赤外線カメラを設置しはじめた。たいして多くはない関係者の間で、カワウソの生存の証明の競争心と再確認後の反響をにらんでの緊張が高まっているのがわかった。

大月の現地には、大きなカメラを購入した町田さんも来ていたし、高知県のさして多くないカワウソ関係者は、自分も見たくてこの海岸に来たようだ。少数で生息していることが予想されるカワウソの保護のために、フィールド調査については、見合わせるという申し合わせがさ

カワウソの出現を待って海を見る土井さん（右）と大原さん（左）

テントの中に並べられた撮影機材

れたようなので、その後この方法のみで成果を挙げるには限界があった。現れたところですぐに海に沈むカワウソをスティールのカメラに収めるのは難しいと、土井さんたちは動画撮影に集中していた。次に決定的な画像が写れば記者会見をするとぼくも言われていた。だけどなかなかそうはならなかった。

――増える「ウソ友」

二〇一八年の七月には、高知県西部を集中豪雨が襲い、大月町でも川が溢れるなど甚大な被害をもたらしている。海の様相も変わり、以後土井さんたちは二〇一八年四月四日での目視を最後に、この岸でのはっきりとした目撃の機会に恵まれていない。

ウミガメではない未確認の動物が海に沈みこむのを見た以外は、なかなか成果の上がらないまま、ぼくは大月の海岸で海を何日も眺めた。ここから愛南の高田さんにインタビューに出かけ、岡山のナチュラリストの青山郷さんからはカワウソ生き残りの仮説を聞き、やがて自分でもほかの高知県内の河川で調査をはじめた。東京の大学生の山本大輝さんも仲間に加わって時折調査に大月までやってきているようだった。対馬にいっしょにいくことになる、黄柳野高校の子どもたちが成瀬さんたちといっしょにやってきて、近くの浜でサバイバルキャンプをし、夜はぼくたちが観察を続ける浜にやってきて、大原さんといっしょに魚をさばいていた。一時は町田さんと成川さんだけになっていたのが、だんだんに「ウソ友」が増えていった。

やがて地元の地区の人と知り合いになり、土井さんは、地区の人から同じ岸でのカワウソの目撃情報を聞き取っている。ぼくも地区の人と知り合いになった。ニホンカワウソが一九六五年に特別天然記念物に指定されて半世紀、調査や保護にあたって専門家や行政等の関係者と、漁民や地元住民はときに軋轢を生じながら緊張関係も孕んでいたようだ。養殖業の天敵として直接的に殺される以外にも、保護区に指定され漁がしにくくなるので、いても黙っているようにしたという話も実際にあったようだ。でも、地区の人がカワウソについて話す口調はやさしかった。あとはカワウソが仲間になるだけだった。

地区の人からは、大月町役場の入り口に展示されていた、一九六六年に大月町北部白浜で捕獲されたカワウソについて「学校の遠足のときに、『変な生き物がいる』と子どもたちが石を投げて殺したところ、先生に『それはカワウソで天然記念物だから黙っているように』とかん口令が敷かれた」と、これまで歴史の闇に埋もれていた聞き取りをすることができた。この「捕獲」は特別天然物指定の翌年だけど、地元の人にとって、当時からカワウソは扱いずらい動物であったことは事実で、それは現在再確認されても同じことだろう。

発見され場所が特定されれば、本物を見たいと人が押し寄せて地元に迷惑がかかるのではというのも、保存会の中では懸念されたようだ。だから公表には慎重になっていった。しかし対馬ではそれも一過性のものだし、調査に成果を上げていたのは、環境省や研究者たちより地元の山村さんだった。

実際に現地に行って見つけ出すなんてことは、簡単にはできないと山村さんも公表を土井さんたちに促した。「時期尚早」としり込みする意見もあったようだ。だけど、公表しなければ過去のことになり保護にもつながらない。ぼくも何度か長野から高知に取材に入ったけど、取材費が出ないとなかなか簡単には来られない。そういう点では、たとえ釣りキャンプの延長といっても、高知市内から三時間近くをかけて、毎月大月町まで足を運ぶ土井さんたちの努力は、なかなか真似できるものではない。

土井さんたちは調査を積み重ねて、カワウソの行動や生態についてプロファイリングを重ねていった。土井さんのデータを見ると、当初は、梅雨明け後の七月以降、カワウソの出没が朝晩を中心に頻発していた。夜間も出没していたのかもしれないけど、当時の機材では確認は難しかったかもしれない。

そんな中でも土井さんが見つけた傾向は、大潮のときにカワウソの出没に遭遇するというものだ。土井さんたちは岸から死んだ魚が度々湾内に浮いているのを見かけている。あるとき、近くの大敷網（定置網）の引き上げの様子を見ていたら、死んだ魚を海に投棄していた。それをめがけて、ウミネコやミサゴ、トンビやウミウがやってきているのを、ぼくも見ることができた。その網の引き上げのタイミングが大潮のときだという。

これは、岡山の青山さんが気づいたことだけれど、大潮とカワウソの出没については過去の調査でも相関関係がある。今泉吉晴氏が一九七二年五月〜一一月に土佐清水市の米浦海岸で観察した出没日のデータを月齢と照らし合わせると、満月と新月の日に合致する。実際ぼくも過去の月例を調べて今泉氏の出没日に落とし込むとたしかに一致した。一九七〇年代の調査を主導した辻康雄氏の『南国のニッポンカワウソ』という本にも、潮の満干と魚をとらえる動物の行動との相関を指摘したうえで、中秋の名月に中筋川で現れたニホンカワウソの観察記録がある。

カワウソの調査の経験もある宮本康典さんにこのことを聞くと、「海では大潮のときに川から魚やモクズガニが下りてくる。潮が満ちてくると魚が豊富で、潮が引くと海岸端の池にプールができて魚が取り残される。カワウソは背中の甲羅は食べないから、大潮のときには食べてすぐの甲羅を見た」と説明してくれた。土井さんがデータの積み上げから、初期段階でカワウソの生態について推測を立てた一つの事例だ。漁師が網を上げるのも、こういった時期に合わせてのことだろう。大月町の現地の場合、結果的にカワウソは人間活動に依存して暮らしていたことになるかもしれない。

その後、土井さんたちは、海岸からの撮影狙いの目視調査から、赤外線カメラを据えての調査にシフトしていった。その成果はやがて上がりはじめた。

第9章　ニホンカワウソは生きている

――生存の立証

高知市内で、土井さん、大原さん、坂本さんの三人組が記者会見を開いたのは、二〇二〇年九月一六日のことだ。三人の〝ニホンカワウソらしき動物発見〟から四年の歳月が経っていた。記者会見場にメディア各社の記者がそろい、ぼくはその中で唯一のフリーランスの記者だった。

大原さんは「一〇〇%カワウソ。自信はある」と語気を強めるのに対し、「消去法で客観的にカワウソ以外は考えられない」と冷静な土井さんは、多く見た目の特徴だけの判断で「見間違い」と片付けられる写真を解析し、客観的な数値の裏付けを示している。科学的に言えば定性的だけでなく、定量的な証明も試みた。

会見では、この間に撮りためた動画や赤外線カメラの写真、食痕や巣穴など、最初に見た地域の周辺で得られた複数の証拠を示した。海面に頭がポコンと出てすぐに沈み、それが忍者のように何回か繰り返される動画がある。前面が白い動物が海面に顔を出し振り向いてすぐに水に潜るリアルな動画もある。また、会見後にもカワウソの頭部以外の体全体がカメラの前を横切る動画の撮影にも成功している。

土井さんたちの会見開催を後押しした画像は、その年の五月、最初の目撃地点の海岸近くの小川にしかけた赤外線カメラに映ったものだ。対馬のカワウソのように、誰が見ても文句がつかない決定的なものは、まだこの段階では映っておらず、土井さんたちは町田さんたちの手を借りず、公表に踏み切っている。

そもそも土井さんは調査結果のほとんどをブログで公表していて、メディアは自分で真偽を判断しようとする気もなく、ぼく以外は記事にしようとしなかっただけだ。

五月六日午前二時に撮影された画像では、シッポの付け根が太くてカワウソらしい特徴が見て取れる。

「近くの岩のクラックの長さと比較すると、体長は八七〜一〇七センチほどでコツメカワウソなら体長六〇センチほどのはず。同じイタチ科のイタチとは明らかに大きさが違う。混同されやすい動物としてはほかにハクビシンがあげられる」

可能性をカワウソとハクビシンに絞ったうえ、ハクビシンとの比較のため、土井さんは、体長に占める尻尾の割合、尻尾部分の傾斜角（テーパーライン）、全長（頭から尻尾の先まで）に占める頭部の割合と定量的な比較を試みている。インターネットや写真サイト、ユーチューブ動画から抜き出して、ユーラシアカワウソなど七九検体のカワウソについて過去の計測値とともに写真も計測した。写真は計測器で背面部分をトレースしている。ぼくも数値的な証明は欠かせないとアドバイスしたものの、土井さんがここまで徹底して数値比較するとは予想していなかった。

「全長に対する尻尾の割合は、高知付近を生息地としていたニホンカワウソと同類のユーラシアカワウソが平均三三・九%。写真の動物の比率は三五・一%で、これに近い。ところがハクビシンの場合（四三検体で計測）は四二〜四四%とまったく違う。

また、尻尾の付け根から先端までのテーパーは、同じく、ユーラシアカワウソが一／六・〇五〜一／九・〇六で、この動物は一／九・〇五。ハクビシンは一／一九・五〜一／二五・四。全長に対する頭部の割合は〇・一八%〜〇・二一%。ハクビシンは〇・九九%〜一・一二%でやはり開きがあります。総合評価で八四%の確率でカワウソですが、ハクビシンの確率は五二・八%です。

一方、四股の左足内側、顎から四股内側にかけて写真で白く映っている部分の個所は、カワウソには当てはまってもハクビシンには当てはまらない。尻尾の先端部にいくほど細まるカワウソと、先端部まで同じ幅の太さのハクビシンでは見た目も違います」

ハクビシンと言うのは難しそうだ。

「また、歩くときの腰の盛り上がりはカワウソの特徴。見た目の体形（定性）、数値的な体形（定量）ともにカワウソに限りなく近い。ハクビシンとカワウソの画像をカメラの動物のシ

2020年5月6日撮影。中央右寄りに動物の姿が映っている（円内）
撮影：Japan Otter Club

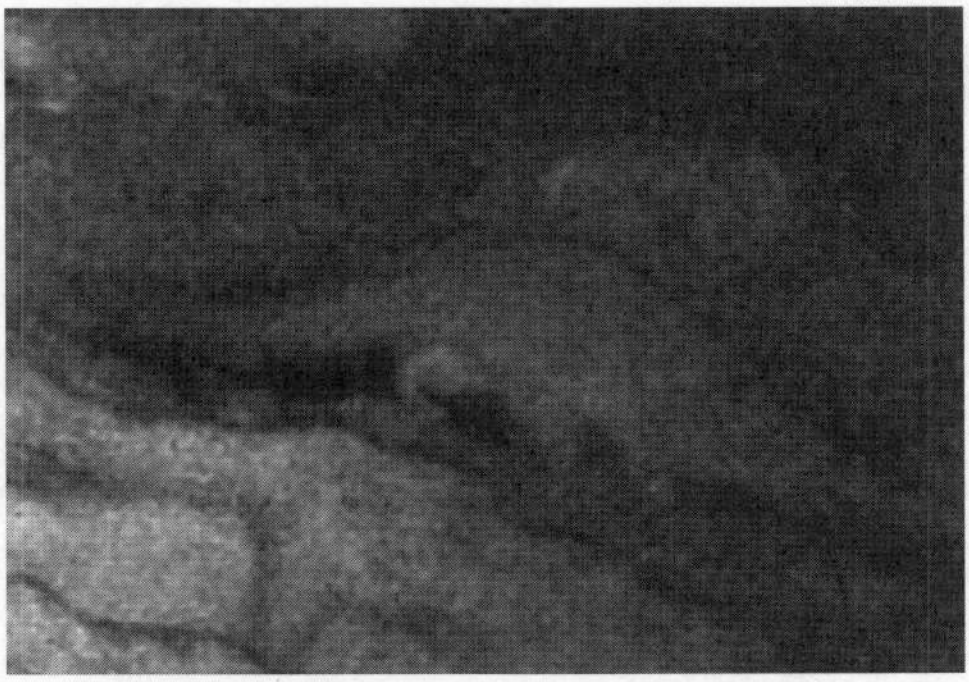

上の画像（円で囲んだ部分）を拡大したもの

ルエットと照らし合わせても一目瞭然です」（土井さん）

土井さんたちは、観察地付近で、巣穴らしきくぼみやカワウソの特徴であるタール便も発見している。有望なのが二〇二〇年八月の調査で沢近くの岩の上にあった数百匹の小カニの食痕だ。獲った獲物を並べるカワウソの習性は「獺祭」として知られる。

「韓国のユーラシアカワウソ研究者に見てもらったところ、『カワウソの親子がエサの取り方を教えた食痕に似ている』との回答があった。海岸から大きさの違うカワウソを別々に見たこともあり、生息しているだけでなく子孫をつないできたのでは」

土井さんはそう考える。

――ニホンカワウソなのか？

では、土井さんたちが目撃したカワウソは日本の本州以南の固有種、ニホンカワウソなのだろうか。

ニホンカワウソが、国内各地の頭骨を再検討して、それまで大陸に広く分布するユーラシアカワウソの亜種から、独立種とされたのは一九八九年のことだ。

その後、国内ではDNAの解析の結果、四国地域のカワウソは大陸や神奈川の個体とは違う系統樹上の位置にあり、遺伝子上もオリジナリティが高いとされている。だから、四国地域でカワウソが発見された場合、大陸に分布するユーラシアカワウソとは、形態的にも遺伝子上も区別できる固有のものと推定するのが自然だ。したがって、土井さんたちの示した証拠は、日本固有のニホンカワウソ生息の可能性を示唆する。飼育個体が逃げたり漂流してきたりというのは、ユーラシアカワウソがワシントン条約の保護の対象となっている以上、野生のニホンカワウソを捕獲、リリースした場合でしかありえない。

一方、本州の神奈川県産の個体は、中国のカワウソと近縁の遺伝子が検出されている。さらに、対馬で発見されたカワウソのＤＮＡを調べた結果、韓国のカワウソと近縁という結果が出ている。だから、対馬のカワウソはニホンカワウソではなく、韓国から漂着したユーラシアカワウソだという説が流れた。

この説は、日本国内では「カワウソはもういない」という定説を根拠にしている。しかし日本列島内にカワウソが過去から今まで生き残っていたというならば、韓国から漂着したとわざわざ考える必要もない。もともといたカワウソが韓国のカワウソのＤＮＡと近縁だったというだけになる。

土井さんたちのカワウソ確認は、対馬のカワウソの由来の根拠を変える。何より、日本の国内在住のカワウソは「ニホンカワウソ」だと環境省が言うならば、結局、対馬のカワウソも、土井さんたちが生存を立証するカワウソも、逆にユーラシアカワウソと主張するほうが根拠を求められることになるだろう。

カワウソについては、大陸からユーラシアカワウソを導入して自然保護につなげようという動きがある。しかし、形態的な分類の再整理もなされておらず、有力な生息説が出てきた中では、その議論にはDNA調査の精度を上げた調査の積み重ねが不可欠だ。

このことは、過去の調査がさほど綿密なものではなく、どこかで「いない」と言ったほうが都合がよい、という政治的な意図がニホンカワウソを「消した」ことをますます裏付ける。

──「まだ生存している」と頭を切り替えてほしい

その結果、環境省は二〇一二年に「絶滅宣言」を出している。

「環境省は絶滅の目安として『五〇年間確実な生息情報がなかったこと』をあげている。しかし絶滅宣言は新荘川での確認から三三年目、今年でもまだ四一年。絶滅宣言は大きな誤り。取り消してほしい」

土井さんたちは反論した。

「みなさん、頭は『絶滅』で固まっている。それらしい動物を見ても自分で否定するし、情報を行政に寄せても調査にはつながらなかった。DNA調査は一個数万円かかり素人ではできない」

採取したフンをDNA調査に出したことがあり、そのときは劣化していて検出できなかった。会見は民間調査への資金的な援助も期待してのことだ。

今回、土井さんたちが働きかけて仁淀川流域の、越知町観光協会が目撃情報等の受け入れ先を引き受けた。記者会見翌日、地元紙やテレビに記事が出たのもあって、観光協会には朝から電話がかかってきていた。

「仁淀川でも複数の目撃情報があり、調査地域も広げたい。実はあちこちに、少数だが生息しているのではないでしょうか。『まだ生存している』と、頭を切り替えてほしい。市民から情報が寄せられれば、さらなるカワウソの調査や保護につながっていく」

土井さんたちの記者会見を報じたテレビニュースがネットに流れると早速、「信じてもらえないかもしれませんが、今から二八年くらい前、岩手県で川の近くにある田んぼの土手に現れたカワウソを見ました。草むらからぴょこっと現れ、私に気がつきパッとこちらを見たかと思うと、すぐに草むらに消えて行きました」というコメントが書き込まれている。

当日の記者の質問は、土井さんたちが過去、同様の資料を提示して求めた専門家の見解に集中した。記事にするにはほしいところだ。情報交換はあったにしても、記者会見にあたり、「カワウソだ」と断言する専門家の意見を、土井さんたちは事前には用意していなかった。だから独自にデータを提示した。

公表後も、「カワウソの一種だという可能性はありうるが画像が不鮮明でニホンカワウソだという確証はない」（のいち動物公園の多々良成紀園長、高知さんさんテレビ）。写真でニホンカワウソとユーラシアカワウソの区別をつけるのはもともと難しい。あるいは、「はっきり判断はできない。絶対に違うとも言えない」（越知町立横倉山自然の森博物館学芸員谷地森秀二さん、高知新聞）と断定を避けている。二人とも大月まで見に行っていると土井さんには聞いていたけど、発言は慎重だった（ただし後日、一九七〇年代に高知でカワウソ調査をおこない、撮影にも成功した動物学者の今泉忠明氏は、土井さんたちが撮影した画像について「あれは間違いなくカワウソ」と著書『あえるよ！ 山と森の動物たち』で言及している）。

会見までに土井さんは、研究者や役所の担当者三八人にも見せている。当日ぼくは手を挙げて「これはカワウソではないという専門家はいましたか」と土井さんたちに質問した。「一人もいませんでした」

土井さんが答えると質問が尽きた。

専門家が断定を避けるなら、この動画や画像は何か、ということを科学的に説明してほしいところだ。それをしないので土井さんたちは、自らが解析して問題提起し、情報を収集しようとした。これを怠った結果の、「絶滅宣言」の発表ともいえる。

環境省の野生生物課希少種保全推進室にぼくが電話すると、「専門家の見解も断定しておらず、現時点での情報では絶滅種の変更の根拠にはならない」と述べている。それを成川さんに伝えると、「専門家は、忖度のあまり、『環境省が言わないと、(絶滅宣言を) 撤回できない』と言うのではないでしょうか？ (笑)」と返事がきた。

――再び高知へ

二〇二一年三月、まだ連日薪ストーブが欠かせなかった長野県から、吉野川での現地検証を経て、高知県へと軽の自家用車を走らせると、桜が咲いて田植えの準備がはじまっていた。半年前の記者会見から、この本の執筆のための最後の取材に高知にまた足を運んだ。土井さんたちが記者会見で写真を公開した個所の現地調査をしていなかったので、そのために土井さんに頼んで現地に行く予定だった。土井さんたちは記者会見で調査個所を大月町と公表している。

それで大月町に人が殺到したり苦情が来たりはしていないようだった。

記者会見後も土井さんは撮影に成功していて、そのうちの一つはかなり鮮明でホームページに公表していた。この画像も土井さんはハクビシンの画像と比較して解析している。

「両方とも顔はハッキリ映っていませんが、右はプロポーションや歩き方、白黒模様耳の大きさからハクビシンとハッキリわかりますが、左の画像は歩き方やプロポーション、特に尻尾は、見た目ではカワウソ。左右体長は、ほぼ同じくらいでイタチではない事は証明できます。残念ながら四Kカメラですが距離が遠い為映りが悪く動画を何回見直してもカワウソと断定できませんでした」

土井さんが解説する画像の背景がどちらも同じなのは定点カメラで撮影しているためだ。また、後ろ姿なのは、赤外線が物体を感知して撮影するためで、サッと横切った場合は全身が映らない場合がある。残念ながら画質も悪く、静止画像では判別がつけにくい。こういった画像は記者会見後、ほかにも撮影されており、土井さんはカワウソ生存への確信を深め、より精度の高い撮影を意気込む。

「この場所は寄せられたカワウソの目撃情報が集中していて目撃者が最も多い場所なので自働カメラの台数（現在二台）を増やして調査します。ここでカワウソが撮影出来れば高知県内に生息するカワウソが三頭目となります。（略）今後一年以内に最低でも七頭のカワウソの生

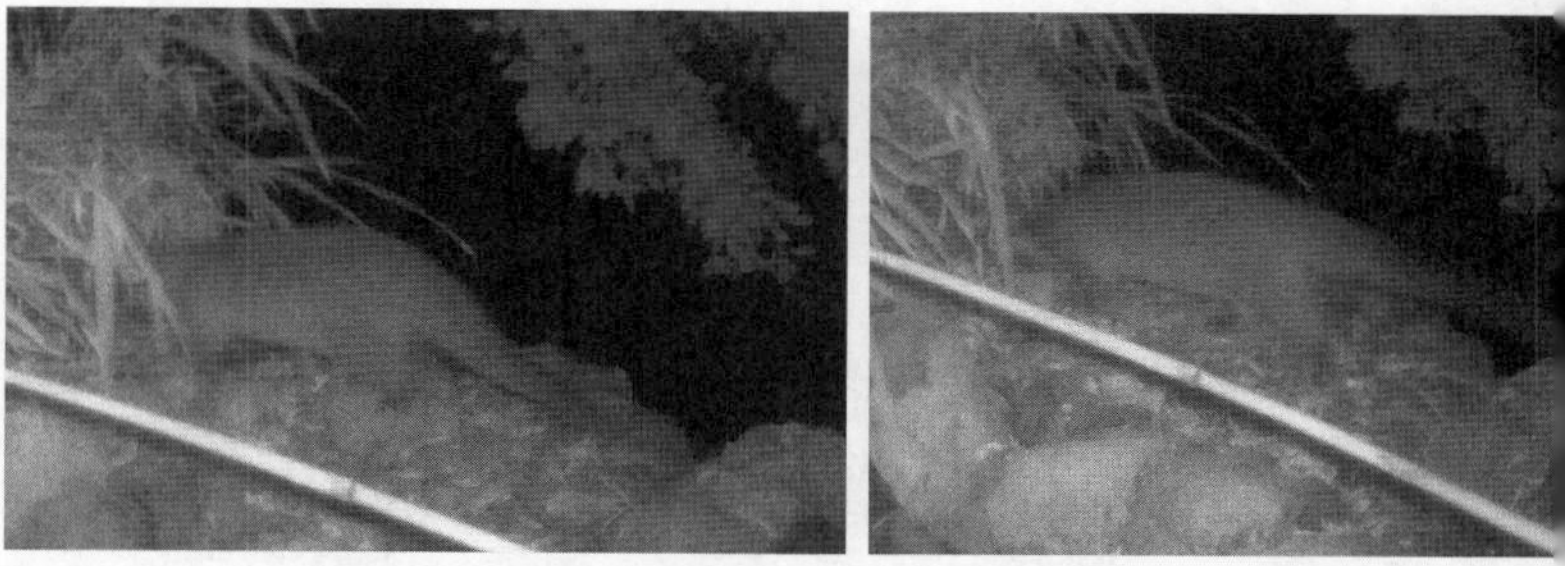

2020年11月に四万十川の定点カメラで撮影された動物。「画質は鮮明ではないが、動画を解析すると写真右はプロポーションや歩き方からハクビシンと判断できる。写真左の動物は右とはプロポーションや歩き方が違い、特に尻尾の特徴からカワウソの可能性がある」と撮影者の土井秀輝さんは指摘する。

息を確認したいと思っています」

土井さんは調査の手法に自信を深めていた。記者会見後、ぼくは記事をネットニュースと雑誌「Fielder」にそれぞれ書いている。当初は大手メディアは高知県内発出のものに限られていたのが、一カ月後の一〇月一九日に読売新聞が記者発表記事を掲載している。記者会見には大手も含めて各社来ていたので、本格報道まであと一歩というところだ。

この動画の撮影場所は四万十川で二〇二〇年一一月のことだ。その間に土井さんは、高速バスの運転手から越知町の観光協会に就職していた。観光協会にはその後一四件のカワウソ情報が寄せられている。土井さんによれば、二〜三〇年前といった比較的古い情報がある中、ここ数年の情報もあって、四万十川の現地もそのうちの一つで、先の写真の撮影個所だ。この場所は地元の人が黙っていようと申し合わせたところだという。

「私と宗像さんの組み合わせは雨になる」

土井さんが嘆く中、土砂降りの四万十川の川畔に立つと、沈下橋の光景がよく似合う。周囲は四万十川によくある山に囲まれた田園地帯の一画だった。こういう場所は高知には、いや日本全国にたくさんあるだろう。だとするとカワウソ情報もまだまだ眠っているかもしれない。一九七九年に須崎のカワウソが騒動になったときに、仁淀川でも地元の人がカワウソがいることを知っていて、そっとしておこうと黙っていたというのを、土井さんは仁淀川での聞き取りで聞いている。似たようなことは成川さんや町田さんも言っていた。こういう情報は果たして「不確か」なものだろうか。

足摺岬から大月町の海岸にかけて、土井さんはカメラを何台かしかけている。

「対馬で二〇一七年にカワウソが動画に映り、そのときテレビニュースでコメントしていた安藤さんの手元の地図に、自分たちの場所ともう一カ所丸で囲んだ場所があった」

土井さんはそのとき、安藤さんに自分たちの情報を提供してメールでやり取りしたという。ぼくは安藤さんに会ったときに、安藤さんに直接土井さんたちから連絡が来ているはずだがと尋ねた。ところが安藤さんは「まったく知らない」と答えていた。安藤さんはその後亡くなったし、土井さんはパソコンを変えて、そのやり取りの記録が見られなくなったと言っているので、今さら確かめようがない。ただ、安藤さんが現在の目撃情報について「眉に唾をつけないと」と語っていたのは印象に残っている。

四万十川から大月町に向かう途中、土佐清水市の教育委員会に土井さんと立ち寄った。以前土佐清水中学校を訪問したときに、職員の女性から、今は閉校になった下ノ加江中学校に未確認のカワウソの剥製が二体あると聞いて、事前に教育委員会の職員に確認に行ってもらっていた。実際に職員が撮ってきた写真を見に行くと、カワウソとは全然違う動物で、国内のどの動物にも当てはまらない。愛媛の稲葉さんに写真を見てもらうと、「外国から持ち帰って学校に寄付したものでしょうか」とまたもやの答えだった。

事前に「違う」と聞いてはいてもがっかりはして、「カワウソについて詳しい方はいますか」と念のため尋ねると、教えられたのが市内の奥田好憲さんの目撃情報だった。早速電話をかけて待ち合わせ、昼時に現地の大浜に暮らす奥田さんを訪ねた。彼は大浜近くの沢に案内してくれた。

「二〜三年前、墓参りの帰りに橋の上から見下ろすと、カワウソが座ってこっちを見上げていた。あそこの木の辺りです。あんまり大きくなくてかわいげがある。この欄干の色と似ていて茶色い。一〇秒くらい見てたかな。天気ですか、曇りでした。いつごろかは覚えてない。最初はイタチと思ったけど、イタチとは明らかに違う」

奥田さんが見たカワウソがいた場所に、浜から道路下をくぐっていくと、上はゴルジュ状になり二股になっていた。カワウソがいた場所は、上からカワウソが来たのなら、一度岸に上がって休む場所としては最適だった。

「一〇年前にも浜に死体が上がって、子どもと女房が見ている。黒原和夫さん（故人・土佐清水市在住のカワウソ研究家）が確認しに来た。手に水かきがあって、腐ってそのままだった」

先の情報についても教育委員会に奥田さんは報告したものの、「市は見にも来ない」と不満そうだった。土佐清水市の教育委員会に取材に来るのは二度目だ。前のときには教えてもらっていなかった。こういう情報が行き場のないままに、多く眠っているのだろう。

奥田さんは、「そこの岬のところに山下さんという方が住んでいて詳しいから行ってみましょうか」とぼくたちを誘ってくれた。そこは土井さんも知っていた釣りのスポットで、磯に下りていく入口に釣り客相手の商店があった。山下さんは不在だった。

岬の先端に神社のある荒磯を見に行って、戻ってくると建物に入っていく年配の方がいた。それが山下忠良さんだった。

「カワウソのことを教えてもらおうと思って」と名刺を差し出すと、「どこまでたどり着いたかな。足跡は見たかな」と逆に聞かれた。町田さんのことも知っていたようで、何度も調査には参加したようだった。だけど、「またしゃべりたい気になったらしゃべる」と話が途切れた。奥田さんは「山下さんは詳しくていろいろ知っているはずだ」と大浜に向かう車の助手席で言葉を足した。

――海を眺める

土井さんは、どこも比較的小さな川が海に流れ出る河口から、さして遡らない場所にカメラを設置していた。国道から海岸に出て道の下をくぐってすぐのところもあるけれど、いずれも比較的日ごろは人が立ち入らない部分であることはわかった。「いい川だなあ」とそのうちの一つを見て思わず口にした。

ニュースに映った安藤さんの手元の地図を手掛かりにカメラを据えた場所もあり、そこでも、カワウソと思われる動物がカメラの射程から出ていくところが写っていた。人がいなくなって休耕田になった、大月町内のかつての集落跡は、対馬で山村さんが管理するツシマヤマネコのサンクチュアリをほうふつとさせ、あちこちに動物の足跡やフンも見られて、野生動物の楽園だった。そこからさして離れていない場所に流れる川の出口の岩の上で、貝が散らばっていて、その写真を記者会見で発表した。

この地域で海岸沿いの民家や集落が放棄されていく光景は珍しくない。こういった場所は、探せばほかにもあるように思えた。それは人間生活の後退とともに、野生動物の生息範囲が広がっている現場だった。


いつもの大月の観察ポイントに来ると、東京にいたころの友達二人がやってきた。最近の移住ブームの中、二人が引っ越した先が、ぼくがカワウソを探していた大月町だった。

実はそのうちの一人と、東京にいたときにたまたまコンビニで会い、移住先を聞いたら大月だと言うので驚いた。「そこはぼくがカワウソ探しに行っているところです」と伝え、今回も事前に連絡していたのだ。土井さんたちがカワウソに気づいた海岸は、音楽をしている二人が、PR動画撮影の場所に選んだ場所でもあるという。

やってきた時期もだいたい重なるようだった。大月町内の調査地を説明しながら、「そこはカワウソのホットスポットです……」と熱く語っていると、「長野県の大鹿村の人に大月町のことを教えられている」と変な顔をされた。「佐多岬半島はカワウソ銀座だったんです」とか言っていると、「なんでもカワウソになるんだねえ」とあきれ顔だったので、「運命だと思ってカワウソ探してください」と言った。二人の顔に「意味不明」と書いてあった。

ぼくは、成川さんといっしょに最初にカワウソの取材で仁淀川を回っているときのことを思い返した。「オオカミとかカワウソとか、探しているのは変なおじさんたちですよね」と失礼な感想を言うと、「宗像さんも十分変なおじさんだよ」と成川さんがニヤニヤしていた。「オオカミ少年」に「ウソ友」ばかりだ。

いつもの海岸で、雨の中食事をすませ、雨上がりの海を前と同じように眺めていた。もはやカワウソがいないと信じることのほうがぼくには難しくなっていた。

機材の導入に伴い、土井さんたちの調査の効率は上がっている。おそらく高知大学の町田さんが海岸を歩き回って調査をしていた一九九〇年代と比べて、絶滅宣言というマイナス要因はあっても、調査については情報も機器の面でも、以前よりも格段にハードルは下がっているだろう。

だけど一度機材を設置すれば、確認のために再び同じ場所を訪問しなければならず、それはやがてはそこに長期にわたって通うことになることを意味した。効率的に情報を入手し記事にするという当初のアプローチからすればそれは、それなりにエネルギーと覚悟が必要なことだった。しかし、高知の駅前で土井さんと大原さんに話を聞いてから、覚悟もないままにもう五年近くもぼくは高知に通っていた。

大月の友人の一人は東京では高校の理科の先生だった。「庭先でここにはいないはずの蝶がいたりして、大月町は全然調べられていないというか、ここだけ取り残されている」と、自宅を訪問すると言っていた。

土地勘もでき、あちこちから集まったウソ友が増え、そして地元に行けば泊めてくれるところもあった。やがてカワウソの生存に誰も文句を言わなくなったとき、高知と大月町がどうなっているのか、今さら見ないではいられない。何よりも開放的な高知の人たちと、大月という不思議な土地の魅力に取りつかれていた。「こういうところだからカワウソがいた」と言いたいものだ。

この本のエピローグにとりかかっている四月二八日、土佐清水市の山下さんから一枚のはがきがきた。

「前略　この間は『日本獺《かわうそ》』の件折角御尋ね頂きながら本当の話しをしませんでしたが二〇年以上『獺』にのめり込んだ私しです。あなたの本心と決意を……」

ぼくが再び高知を訪問し、高知の仲間たちといっしょにカワウソ探しを続けることに、もはやなにも遮るものはなかった。

参考文献

阿部永監修『日本の哺乳類　改訂第二版』（東海大学出版会、二〇〇八年）
安藤元一『ニホンカワウソ　絶滅に学ぶ保全生物学』（東京大学出版、二〇〇八年）
愛媛県『ニホンカワウソ生息状況調査事業調査概要（二六年版）』（愛媛県、二〇一四年）
愛媛県教育委員会『天然記念物　愛媛県獣　にっぽんかわうそ』（愛媛県教育委員会、一九六四年）
大月町『大月町史』（大月町、一九九五年）
大西伝一郎『カワウソは生きている』（草土文化社、一九九四年）
今泉忠明『あえるよ！　山と森の動物たち』（朝日出版社、二〇二一年）
金子之史監修『四国の哺乳類』（徳島県立博物館、二〇一四年）
今泉忠明『野生動物観察事典』（東京堂出版、二〇〇四年）
今泉忠明『気がつけば動物学者三代』（講談社、二〇一八年）
環境省『対馬で発見されたカワウソに関する今後の対応の方針』（二〇一八年）
高知県教育委員会『ニホンカワウソ生息調査報告』（『高知県文化財調査報告書』第一八集、一九七三年）
高知県林業振興・環境部環境共生課『高知県レッドリスト（動物編）』二〇一七改訂版）（高知県林業振興・環境部環境共生課、二〇一七年）
高知新聞社『ニホンカワウソやーい！　高知のカワウソ読本——四国全域に幻の姿を追う——』（高知新聞社、一九九七年）
熊谷さとし『ニホンカワウソはつくづく運が悪かった?!』（偕成社、二〇一五年）
黒潮町『黒潮町史』（黒潮町、二〇一七年）
佐藤忠郎『よろずきき書き　郷土の地名雑録』（地域文化研究所、一九八五年）
清水栄盛『ニッポンカワウソ物語』（愛媛新聞社、一九七五年）
杉山博久『直良信夫の世界　二〇世紀最後の博物学者』（刀水書房、二〇一六年）
須崎市『かわうそのくらすまち。のこそうかわうそのまちすさき　須崎市』（一九九五年）
高橋健『カワウソの消えた日』（国土社、一九八八年）
辻康雄『南国のニッポンカワウソ』（誠文堂新光社、一九七四年）
土佐清水市『土佐清水市史（上巻）』（土佐清水市、一九八〇年）
なす魚類調査クラブ『川の生き物調査報告書』（二〇一九年）
長崎新聞「対馬のカワウソは三匹か　関係者『宝の島』繁殖に期待　環境省が調査」（『長崎新聞』二〇一八年五月二九日）
成川順『水辺の国から—成川順エッセイ集・自然—』（二〇一〇年）
町田吉彦『かわうそセンセの閑話帳』（南の風社、一九九八年）
宮本春樹『イワシからのことづて』（創風社出版、二〇〇六年）
宮本春樹『段畑からのことづて』（創風社出版、二〇〇六年）
宮本春樹『ニホンカワウソの記録　最後の生息地　四国西南より』（創風社出版、二〇一五年）
朝日新聞「カワウソ追って一年半」（一九九四年一二月二二日）
安藤元一「カワウソ再導入をめぐる世界の動き」（農大動物研究会『ANIMATE』第五号、二〇〇四年）

稲葉正和「戦前に南宇和郡御荘町大久保川で捕獲されたニホンカワウソ」（『愛媛県総合科学博物館研究報告』第二一号、二〇一六年）
今泉吉典「*Lutra whiteleyi* GRAYの分類学的考察」（『哺乳動物学雑誌』第六巻三号、一九七五年）
今泉忠明「写真調査記　狭まりつつあるカワウソ生息地」（『アニマ』六〇、一九七八年）
今泉吉晴「カワウソ最後の生息地を探る」（『アニマ』二、一九七三年）
上田浩一、安田雅俊「五島列島におけるカワウソの分布と絶滅」（哺乳類学会『哺乳類科学』五六巻二号、二〇一六年）
愛媛新聞「カワウソ絶滅宣言　実態を把握した上で撤回せよ」（二〇一二年九月一日）
小田光康「ニホンカワウソは『生きている』」（AERA、二〇一二年九月二四日）
鍛冶壮一「土佐に幻のニホンカワウソを見た」（鍛冶壮一『コックピットの男―ハイテク機に挑む』、朝日ソノラマ、一九八九年）
金子之史「香川県志度町小田沖で捕獲（一九四四年）されたカワウソ毛皮標本」（『香川生物』三〇、二〇〇三年）
木村吉幸「オオカミとカワウソの剥製標本」（農大動物研究会『ANIMATE』第五号、二〇〇四年）
久志本鉄平「下関市蓋井島の海岸で採取されたカワウソの頭骨」（『豊田ホタルの里ミュージアム研究報告書』第六号、二〇一四年三月）
熊本日々新聞「ニホンカワウソ」（熊本日々新聞『熊本自然大百科、一九九五年』
高知新聞「いたぞ！ニホンカワウソ」（一九七七年、六月二一日）
高知新聞「カワウソ『絶滅宣告』を聞く」一～七（二〇一二年八月三〇日～九月五日）
近藤幸夫「カワウソ生存思いはせる」（『朝日新聞』二〇一八年一〇月三一日）
佐々木浩「日本のカワウソはなぜ絶滅したのか」（『人間文化研究所年報』一七、二〇一六年）
佐藤大紀、加藤元海「高知県新荘川においてニホンカワウソの存続に影響を与えた要因」.『黒潮圏科学』第六巻二号、二〇一三年）
佐藤大紀、比嘉基紀、加藤元海「四国におけるニホンカワウソの生息状況の変遷および海岸線と人口との関連」（『黒潮圏科学』第一〇巻二号、二〇一七年）
沢田佳長「連載四万十川に暮らす4　ニホンカワウソ　河川開発種の絶滅」（『科学朝日』一九九〇年二月号）
四国自然史科学研究センター『News Letter』第三九号（二〇一三年）
清水栄盛「カワウソの生息実態を調べる」（『自然』第二五巻九号、一九七〇年）
清水栄盛「カワウソの生息実態調査」（『松山東雲短期大学研究論集』第五巻二号、一九七二年）
高橋豊、坂本秀之助、大川猛見、山崎泰「八　カワウソ飼育と調査記録　ニッポンカワウソ *Lutra lutra whiteleyi* 概況について」（『愛媛県立道後動物園記念誌』、一九八八年）
辻康雄「ニッポンカワウソ生息の現況」（幡多の自然を守る会『幡多の自然』、一九七六年）

橋越清一「ニホンカワウソから学ぶべきこと」（『愛媛の自然』五九巻一二、二〇一八年）
平沢正夫「カワウソ騒動記―特別天然記念物カワウソ保護の問題点」（『アニマ』二四、一九七五年）
古屋義男、吉村法子「高知県におけるニホンカワウソの分布域の減少（一九七七～一九八七）」（『高知女子大学紀要』、一九八八年）
成川彩「カワウソ　日本にもう一度」（『朝日新聞』二〇一三年二月一三日）
毎日新聞「ニホンカワウソ　十数件の目撃情報　愛媛県が本格調査」（二〇一三年一月一〇日）
町田吉彦「誌上シンポジウム　ニホンカワウソの過去と現状」（高知大学黒潮圏研究所所報『くろしお』第一三号、一九九八年）
御厨正治「ニホンカワウソ雑記」（『哺乳類動物学雑誌』六、一九七六年）
水野都沚生「かわうそ捕りの名人に聞く」（伊那史学会『伊那』一九七四年一月号）
向井貴彦、梶浦敬一「岐阜県の市町村史におけるカワウソの分布」（『岐阜大学地域科学部研究報告第四二号、二〇一八年』）
湯川うらら「記者に届いた〝ニホンカワウソ〟出没情報　絶滅したはずなのに?」（『with news』二〇二一年九月一一日）
吉岡忠「郷土史　ニッポンカワウソ今昔物語」一～一二（『広報西海』一九九九年七月号～二〇〇一年三月号）
吉川琴子、谷地森秀二、加藤元海「日本で最後の生存記録となったニホンカワウソ個体に関する目撃情報の整理」（日本哺乳類学会『哺乳類科学』五七巻二号、二〇一七年）
和久大介「日本に生息していたカワウソの分類」（農大動物研究会『ANIMATE』第一四号、二〇一八年）
「ニホンカワウソらしき動物発見」（ホームページ「四国の観光」）
Dr.J.E.GRAY,1.Notice of *Lutronectes whiteleyi*,an Otter from Japan.（Proceedings of the Society of London, 1866）
Imaizumi, Y. and Yoshiyuki, M.Taxonomic status of the Japanese otter（Carnivora, Mustelidae）, with a description of a new species.（The Bulletin of the National Science Museum Series A 15（3）. 1989）
Hideki Endo,Xiaodi YE and Hiroyuki KOGIKU,Osteometrical Study of Japanese Otter（*Lutra nippon*）from Ehime and Kochi Prefectures.（Memoirs of the National Science Museum（33）. 2000）
Tomohiko Suzuki,Hajime Yuasa, and Yoshihiko Machida, Phylogenetic Position of the Japanese River Otter *Lutra nippon* Infered fron the Nucleotide Sequence of 224 bp of the Mitochondrial Cytochrome b Gene.（Zoological Science 13.1996）

本書は「世界」844号（2013・6）／岩波書店、「Fielder」40号（2018・8）～49号（2020・1）、54号（2020・12）／笠倉出版社に掲載した記事を加筆・修正し、新たな原稿を加えて再構成した。

文中の登場人物の所属、肩書きは取材当時のもの。

著者紹介

宗像充（むなかた　みつる）
1975年大分県生まれ。ジャーナリスト。一橋大学卒業。大学時代は山岳部に所属。登山、環境、平和、家族問題などをテーマに執筆をおこなう。ニホンオオカミ、ニホンカワウソ、九州のツキノワグマなど絶滅したとされる動物の生存についてルポルタージュを続けている。著書に「ニホンオオカミは消えたか？」（旬報社）ほか。

ニホンカワウソは生きている

2021年11月15日　初版第1刷発行

著　者　宗像充
装　丁　宮脇宗平
編　集　熊谷満
発行者　木内洋育
発行所　株式会社 旬報社
〒162-0041 東京都新宿区早稲田鶴巻町544 中川ビル4F
TEL. 03-5579-8973　FAX. 03-5579-8975
HP　https://www.junposha.com/
印刷製本　精文堂印刷株式会社

ISBN978-4-8451-1725-3